21世纪高职高专规划教材

软件专业系列

XML
实用教程

马在强　主　编

罗　勇　李明龙　副主编

清华大学出版社

北京

内 容 简 介

本书由 XML 及其相关技术介绍和实战 XML 两部分组成。其中,第一部分系统地介绍了 XML 及其相关技术知识,主要包括 XML 概述及 XML 语法、DTD 和 XML Schema、使用 CSS 和 XSL 格式化 XML 文档、XPath 及 DOM。第二部分实战 XML,属于对 XML 的具体应用,在 Java 平台上分别利用不同的 DOM 实现对 XML 的操作。并且在第 9 章完全按照软件工程的思想与步骤,采用 JSP+JDOM+XML 实现一个作业管理系统。该作业管理系统由 JSP 开发前台,后台数据存放于 XML 文档中,应用程序利用 JDOM 来访问与操作 XML 文档。

本书内容通俗易懂,层次清晰,让读者能由浅入深、循序渐进地学习 XML 及其相关技术。先从 XML 基础知识及 XML 相关技术入手,然后明白学习这些技术的意义,从而能够运用这些技术来开发 XML 应用程序。最后能够把这些技术融合为一体,实现一个 XML 应用系统。

本书是一本详细介绍 XML 及其相关技术知识的书,不仅能作为高职高专院校相关专业的教材,而且也适合使用 JSP 开发 XML 应用程序的技术人员以及 XML 爱好者参考。

图书在版编目(CIP)数据

XML 实用教程/马在强主编 . —北京:清华大学出版社,2008.10 (2019.2 重印)
(21 世纪高职高专规划教材.软件专业系列)
ISBN 978-7-302-17983-2

Ⅰ. X… Ⅱ. 马… Ⅲ. 可扩充语言,XML-程序设计-高等学校:技术学校-教材 Ⅳ. TP312

中国版本图书馆 CIP 数据核字(2008)第 093767 号

责任编辑:孟毅新
责任校对:袁 芳
责任印制:董 瑾

出版发行:清华大学出版社
　　　　网　　址:http://www.tup.com.cn, http://www.wqbook.com
　　　　地　　址:北京清华大学学研大厦 A 座　　　　邮　　编:100084
　　　　社 总 机:010-62770175　　　　邮　　购:010-62786544
　　　　投稿与读者服务:010-62776969, c-service@tup.tsinghua.edu.cn
　　　　质量反馈:010-62772015, zhiliang@tup.tsinghua.edu.cn
印 装 者:北京建宏印刷有限公司
经　　销:全国新华书店
开　　本:185mm×260mm　　印　张:13.75　　字　数:314 千字
版　　次:2008 年 10 月第 1 版　　印　次:2019 年 2 月第 17 次印刷
定　　价:30.00 元

产品编号:027390-03

前　言

　　XML(eXtensible Markup Language,可扩展置标语言),不仅是一种优秀的元置标语言,同时也是一种优秀的数据交换格式。用 XML 描述数据具有结构简单、便于人和计算机阅读的双重功效,弥补了关系型数据对客观世界中真实数据描述能力的不足。XML 集 HTML 和 SGML 的优势于一身,具有易于编辑、便于管理、适于存档、容易查询等诸多优势,已经成为新一代网络标准语言。

　　本书以 XML 为中心,详细介绍了与 XML 相关的一些技术,包括 XML 语法、DTD 和 XML Schema、使用 CSS 和 XSL 格式化 XML 文档、XPath 及 DOM 等技术。

编写本书的目的

　　目前大多数 XML 方面的书籍,在 XML 基础知识介绍和 XML 及相关技术应用的有机结合上存在不足,给读者带来理解与应用上的困难,不利于 XML 及其相关技术的学习与应用。

　　本书是把这两者结合在一起的一本 XML 及相关技术应用的参考书,能够让读者先从 XML 基础知识及 XML 相关技术入手,然后明白学习这些技术的意义,从而能够运用这些技术来开发 XML 应用程序。最后能够把这些技术融合为一体,实现一个 XML 应用系统。

本书的特点

　　① 本书打破了理论与具体应用相脱节的状况。

　　本书分为两部分:第一部分属于基础知识部分,在该部分中,全面系统地介绍了 XML 及其相关技术知识;第二部分属于 XML 的具体应用部分,在该部分中,我们在 Java 平台上实现了对 XML 的各种操作。这种安排,使理论学习与应用实践有机结合,真正做到了学以致用。

　　② 本书通俗易懂,结构具有层次性。

　　本书以层次化结构来组织内容,让读者能够做到由浅入深、循序渐进地学习 XML 及其相关技术。

　　③ 本书完全按照软件工程的思想,详细地设计、开发了一个 XML 应用程序。

　　在本书第 9 章,完全按照软件工程的思想与步骤,详细设计了一个作业管理系统。该作业管理系统采用 JSP 开发前台,后台数据存放于 XML 文档中,应用程序利用 JDOM 来访问与操作 XML 文档。

本书的相关信息

全书共分为两部分。第一部分是 XML 及其相关技术基础知识,包括第 1、2、3、4、5、6、7 章的内容,第二部分是对 XML 的具体应用,包括第 8、9 章的内容。

本书由马在强教授担任主编,罗勇和李明龙担任副主编。其中,第 1、4、5、8、9 章由罗勇编写,第 2、3 章由罗印编写,第 6、7 章由张丽编写。

致谢

本书能够出版,与主编所在学院对教材编写工作的支持分不开,在此一并致谢。由于时间仓促,水平有限,难免有不足之处,欢迎广大读者批评指正。诚恳地欢迎广大读者把意见、建议和要求反馈给我们。使用本书的老师请把教学意见反馈给我们,以便再版时加以完善。主编的电子邮箱是:mazaiqiang@scsoftcollege.com。

作　者

2008 年 9 月

目　录

第 1 章

XML 语言简介

本章目标

- 了解 HTML 与置标语言；
- 理解什么是 XML；
- 了解从 HTML 到 XML 的发展；
- 了解 XML 的优点及应用；
- 了解 XML 相关技术标准。

超文本置标语言(HyperText Markup Language,HTML)是当今最流行、应用最广泛的一种置标语言,但 HTML 存在许多致命的缺陷。于是 1996 年由万维网联盟(World Wide Web Consortium,W3C)发起,一群从业界到学院的众多置标语言专家,立足为 Web 开发一种简化版本的标准通用置标语言(Standard Generalized Markup Language,SGML)。到 1998 年 2 月,W3C 正式确定 XML 1.0 规范。XML 集 HTML 和 SGML 的优势于一身,具有易于编辑、便于管理、适于存档、容易查询等诸多优势,已经成为网络发展的新一代标准。

1.1 HTML 与置标语言

1.1.1 HTML 简介

在介绍 HTML、XML 之前,先介绍一下"标记"的含义。

标记——标注说明之意。也就是为了方便处理的目的,在数据中加入一些附加信息,对某一特定对象起到标注说明的功能,这些附加信息就称为标记。

其实,在现实生活中也经常运用标记,如在学习的时候,对书本上重要的知识我们往往会用一条下划线或一个圆圈把它勾画出来,以示其特殊性,这就是所谓的图形化标记。但有时为了更加明确含义,往往还会在其旁边加上一些文字说明,这就是所谓的文字标记。总之,不管是用图形化标记,还是用文字标记,目的都只是对某一特定对象做出标注,以示其特殊性。

在计算机世界中,标记的应用甚为广泛。如浏览器根据 HTML 标记来处理网页内容;字处理软件借助标记来定义格式与外观;通信程序依靠标记来理解线路上所传输信息的含义;数据库通过标记来将数据字段与一定的含义相连,并表明字段之间的关系。

其中,超文本置标语言就是用来定义网络 Web 上文字、图像及声音等的显示及格式的一种置标语言。每当我们在浏览器里打开一个网页时,便从网上获取一个 HTML 文件,然后通过浏览器解析成我们熟悉的可视化界面。

这里所谓的超文本,指的是它可以加入图片、声音、动画、影视等内容,因为它可以从一个文件跳转到另一个文件,与世界各地主机的文件连接。

- 通过 HTML 可以表现出丰富多彩的设计风格

    图片调用:<IMG SRC="文件名">

    文字格式:<FONT SIZE="+5" COLOR="00FFFF">文字</FONT>

- 通过 HTML 可以实现页面之间的跳转

    页面跳转:<A HREF="文件路径/文件名"></A>

- 通过 HTML 可以展现多媒体的效果

    音频:<EMBED SRC="音乐文件名" AUTOSTART=true>

    视频:<EMBED SRC="视频文件名" AUTOSTART=true>

上面在示例超文本特征的同时,采用了一些在制作超文本文件时需要用到的一些标签。所谓标签,就是它采用了一系列的指令符号来控制输出的效果,这些指令符号用"<标签名字 属性>"来表示。

超文本文档分文档头和文档体两部分,在文档头里,对这个文档进行了一些必要的定义,文档体中才是要显示的各种文档信息。HTML 的基本结构如下所示:

```
<HTML>
    <HEAD>
        头 部 信 息
    </HEAD>
<BODY>
    文 档 主 体,正 文 部 分
</BODY>
</HTML>
```

其中,<HTML>在最外层,表示这对标记间的内容是 HTML 文档。<HEAD>之间包含文档的头部信息,如文档总标题等,若不需头部信息则可省略此标记。<BODY>标记一般不省略,表示正文内容的开始。如例 1-1 所示是一个简单的 HTML 文档。

【例 1-1】 一个简单的 HTML 文档。

```
<HTML>
  <HEAD>
    <TITLE>欢迎光临我的主页</TITLE>
  </HEAD>
  <BODY>
    <CENTER>
      <BR>
      <H2>
```

```
        <FONT face="楷体_GB2312" COLOR=RED>Hello,XML!</FONT>
      </H2>
      <HR>
    </CENTER>
  </BODY>
</HTML>
```

以上 HTML 文档就是以红色楷体字显示"Hello,XML!"，效果如图 1-1 所示。

图 1-1　在 IE 浏览器中的显示效果

在例 1-1 中，类似于＜HTML＞...＜/HTML＞的符号就是 HTML 标记。这些标记只是起到说明的作用，在显示的时候，浏览器根据标记来决定显示的效果，而这些标记自身是不会被显示的。

所以，"标记"的一个精确定义是：数据本身的信息对数据进行编码的方法。通俗地讲，就是使用"标记"来界定和描述数据，由标记来决定程序工作的一个过程。如例 1-1 中的"＜TITLE＞欢迎光临我的主页＜/TITLE＞"代码就是将浏览器的标题设置为"欢迎光临我的主页"。

其中，＜TITLE＞是一个标记，＜TITLE＞代表标记的开始，＜/TITLE＞代表标记的结束。

1.1.2　置标语言

在现代计算机领域中，标记已经成为标识及传输数据的方法，将很多标记集合到一起形成的一整套语法规则就称为置标语言（Markup Language），即置标语言使用"标记"来界定和描述数据。

在 1969 年，世界上第一种计算机使用的现代置标语言——通用置标语言（Generalized Markup Language，GML）由 IBM 的研究人员 Ed Mosher. Ray Loric 和 Charles F. Goldfarb 发明。

经过几十年的完善和改进，GML 发展成为了 SGML（Standard Generalized Markup Language）。1986 年，SGML 被国际标准化组织（International Standard Organization，ISO）作为国际性的数据存储及交换的标准，并收录在 ISO 8879 当中。

标准通用置标语言（SGML）通过名为文档类型定义（Document Type Definition，DTD）的规则集合创建许多种置标语言。HTML 和 XML 就是标准通用置标语言 SGML 所创建的置标语言，属于 SGML 的子集。

自从 XML 诞生以来，又有一大批用 XML 定义的新的置标语言诞生，它们有的仍处在草案阶段，还有一些已经由 W3C 推荐成为正式标准，开始在各个领域发挥着巨大优势。这其中包括 CML 和 MathML，还包括使用 XML 重新定义的 XHTML，用于显示矢量图形的 SVG,用于表现多媒体效果的 SMIL,用于电子书的 OEB,用于手机上网的 WML 和 HDML,面向电子商务的 cXML 等。图 1-2 展示了整个置标语言的家族情况。

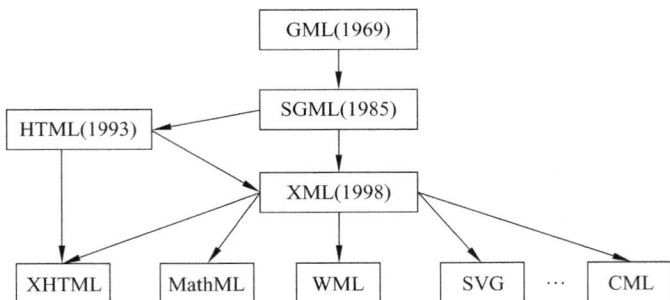

图 1-2   置标语言的家族图

1.2   XML 的来源

XML 有两个先驱——SGML 和 HTML,这两个语言都是非常成功的置标语言,但是它们都在某些方面存在着与生俱来的缺陷。XML 正是为了解决它们的不足而诞生的。

SGML 的全称是标准通用置标语言,它从 20 世纪 80 年代初开始使用。正如 XML 一样,SGML 也可用于创建成千上万的置标语言,它为语法置标提供了异常强大的工具,同时具有极好的扩展性,因此在分类和索引数据中非常有用。目前,SGML 多用于科技文献和政府办公文件中。

SGML 是一种非常强大,也非常复杂的置标语言,它已经被美国政府及其合同商、大型制造公司、信息技术发布者等广泛采用。但是 SGML 实在是太复杂了,要使用它需要大量的资金,这使得它的应用范围还是非常狭窄。所以事实上很多人根本就没有听说过 SGML,更不知道它有多么强大。

HTML 免费、简单,而且获得了广泛的支持。HTML 最初于 1990 年由 CERN 设计,它是一个非常简单的 SGML 语言,便于普通人使用。而正如设计之初所构想的那样,HTML 现在在世界范围内得到了广泛的应用。不幸的是,HTML 有许多致命的缺陷。

正因为如此,人们开始致力于描述一种新的置标语言,它既要具有 SGML 的强大功能和可扩展性,同时又要具有 HTML 的简单性。于是 1996 年万维网联盟(World Wide Web Consortium,W3C)决定专门成立一个 SGML 专家小组来从事此项工作,由 SUN 公司的 Jon Bosak 担任小组的指挥。

事实上,Bosak 和他领导的专家小组对 SGML 的贡献就像 Java 研究组对 C++ 的贡献一样。SGML 中所有非核心的、未被使用的和含义模糊的部分都被删除,剩下的全是短小精悍的标记工具,即 XML。其中 XML 的描述只有 26 页,而当初 SGML 的描述却长达 500 多页。值得一提的是,对于 XML 的描述尽管篇幅只有 SGML 的二十分之一,但 SGML 中所有的精华都被保留了下来。

1998 年 2 月,XML 1.0 规范成为 W3C 的推荐标准,标志着一个崭新而大有前途的置标语言诞生了。

1.3　XML 的制定目标

在制定 XML 标准之初就确定了它的目标,下面是 XML 1.0 标准中描述的制定 XML 的目标:

- XML 应该可以在 Internet 上直接使用;
- XML 应该支持各种不同的应用方式;
- XML 应该与 SGML 兼容;
- XML 文档的处理程序应该容易编写;
- XML 中的可选项应该尽可能少,理想状况下应为零;
- XML 文件应该清晰明了,可读性强;
- XML 应易于设计;
- XML 设计的置标语言应该正式、简洁;
- XML 文件应该容易编制;
- XML 标记的简洁性较为次要。

1.4　XML 概述

XML 是一种可以自行创建标记的置标语言,是一种用于描述和构造独立于应用程序逻辑的通用标准,利用这个标准,可以根据实际需要,定义新的置标语言,并为这个置标语言规定一套特有的标记。因此,XML 是一种元置标语言,程序开发人员可以根据它所提供的规则为特定行业和应用程序制定所需要的置标语言。如我们上面讲的用于显示矢量图形的 SVG,用于表现多媒体效果的 SMIL,用于电子书的 OEB,用于手机上网的 WML,都是通过 XML 为特定的行业所定义的置标语言。

那么,当我们需要通过标记将有用的信息告知一组用户时,也就是说将创建一种新的置标语言时应该具备两个标准:

- 描述什么是有效标记的标准;
- 描述每个标记具体含义的标准。

下面通过例 1-2 来进行说明。

【例 1-2】　创建一套标记,用于存放联系人的相关信息。

(1)确定描述数据的有效的标记

假如要创建一套新的置标语言,以这个置标语言定义一些标记来描述联系人的相关信息,并且这些标记还代表了一定的语义。因此,首先需要设计好用什么标记来界定数据。下面就是一个存放联系人相关信息的 XML 文档。

```
<? xml version="1.0" encoding="GB2312" standalone="no"? >
<!--
<!DOCTYPE 联系人列表  SYSTEM "lxr.dtd">
```

```
<? xml-stylesheet type="text/xsl" href="mystyle.xsl"? >
-->

<联系人列表>
    <联系人>
        <姓名>张三</姓名>
        <ID>001</ID>
        <公司>A 公司</公司>
        <EMAIL>zhang@ aaa.com</EMAIL>
        <电话> (010) 62345678</电话>
        <地址>
            <街道>五街 1234 号</街道>
            <城市>北京市</城市>
            <省份>北京</省份>
        </地址>
    </联系人>
</联系人列表>
```

　　XML 文档看上去与 HTML 结构非常相似,但实质上它们根本不同。这里的标记所代表的不再是显示格式,而是对联系人的相关信息的语义解释了。也就是说,看到标记就大概知道其内容。

　　不过,仅仅这样还不够,因为计算机应用程序并不理解这些标记的含义,如应用程序根本不知道<公司>是什么含义,它是一个合法标记吗? 它又应该以什么方式来表现? 所以,还必须创建另一标准来描述每个标记的具体含义,以便让计算机应用程序能够进行正确的处理。

　　(2) 确定描述每个标记的具体含义

　　在 XML 中,通过文档类型定义(Document Type Definition,DTD)或 Schema 来描述标记的语法。也就是说,通过 DTD 或 Schema 来描述什么是有效的标记,确定标记的含义,从而进一步定义置标语言的结构(关于 DTD 和 Schema 的内容在后续章节中讲解)。

　　下面就是一个让本例中的 XML 文档中的标记合法化的 DTD 定义。

```
<? xml version="1.0" encoding="GB2312"? >
<!ELEMENT 联系人列表 (联系人) * >
<!ELEMENT 联系人 (姓名,ID,公司,EMAIL,电话,地址)>
<!ELEMENT 地址 (街道,城市,省份)>
<!ELEMENT 姓名 (#PCDATA)>
<!ELEMENT ID (#PCDATA)>
<!ELEMENT 公司 (#PCDATA)>
<!ELEMENT EMAIL (#PCDATA)>
<!ELEMENT 电话 (#PCDATA)>
<!ELEMENT 街道 (#PCDATA)>
<!ELEMENT 城市 (#PCDATA)>
<!ELEMENT 省份 (#PCDATA)>
```

　　通过例 1-2 不难得出,可以通过 DTD 定义一套新的置标语言。但是存放数据的 XML 不像 HTML 那样,能够直接在浏览器里显示。于是还应该专门为 XML 定义一个样式表,这样,应用处理程序就需要综合 DTD、样式表及 XML 文档数据三方要素,根据这些数据和规定来显示它。下面是一个显示例 1-2 中 XML 文档的样式文件。

```
<? xml version="1.0" encoding="GB2312"? >
<xsl: stylesheet version="1.0"
    xmlns: xsl="http://www.w3.org/1999/XSL/Transform"
    xmlns: fo="http://www.w3.org/1999/XSL/Format">
<xsl: template match="/">
    <HTML>
    <HEAD>
        <TITLE>F 公司的客户联系信息</TITLE>
    </HEAD>
    <BODY>
        <xsl: apply-templates select="联系人列表"/>
    </BODY>
    </HTML>
</xsl: template>

<xsl: template match="联系人列表">
    <xsl: for-each select="联系人">
        <UL>
        <LI><xsl: value-of select="姓名"/></LI>
        <UL>
            <LI>用户 ID: <xsl: value-of select="ID"/></LI>
            <LI>公司: <xsl: value-of select="公司"/></LI>
            <LI>EMAIL: <xsl: value-of select="EMAIL"/></LI>
            <LI>电话: <xsl: value-of select="电话"/></LI>
            <LI>街道: <xsl: value-of select="地址/街道"/></LI>
            <LI>城市: <xsl: value-of select="地址/城市"/></LI>
            <LI>省份: <xsl: value-of select="地址/省份"/></LI>
        </UL>
        </UL>
    </xsl: for-each>
</xsl: template>
</xsl: stylesheet>
```

样式表是独立于数据的,同一个样式表可以由许多 XML 文件共享,反之亦然。而且,样式表可以用不同的样式语言来描述,例如可以使用层叠式样式表语言(Cascading Style Sheet Language,CSSL),或者使用可扩展样式语言(eXtensible Style Language,XSL)。在这个例子中我们使用 XSL,其 XML 文档在 IE 浏览器中的显示效果如图 1-3 所示。

通过例 1-2 的学习后,我们知道通过 DTD 可以创建一套置标语言。处理器根据 DTD 来检验 XML 文档的语法,再通过样式表标示 XML 数据,即 DTD＋XML＋XSL 模式。

这时从表面来看,原先只一个 HTML 文档就能把数据和显示方式都包含进去,现在却需要 XML 文档、DTD 文档、样式表三个文档来共同完成。另外,浏览器只是用来处理

图 1-3　通过样式表显示的 XML 数据

特定置标语言的,而不是用来处理所有置标语言的,这说明可能还需要第三方程序来额外处理 DTD 文档、样式表和 XML 文档,这显得更加复杂了。的确,这对于初学者来说,在使用 XML 时会感到一些困难,学习了 1.4 节 XML 的诸多优点后,你将会觉得这是非常值得的。

1.5　有了 HTML,为什么还要发展 XML

SGML 虽然功能强大,但太复杂了,无法有效地在网上传递信息。由于有太多的可选功能与其他特性,使得编写在网页浏览器中处理与显示 SGML 信息的软件变得非常困难。

HTML 虽然源于 SGML,但由于种种原因,HTML 偏重于信息的表示,标签中原本就很微弱的信息描述含义也被削弱了,于是它难以满足网络进一步发展的需要。

1.5.1　HTML 的缺陷

HTML 是最早应用于网络信息传输的置标语言,也是近几年互联网上最普及的一种网页制作通用语言。它侧重于主页表现形式的描述,大大丰富了主页的视觉和听觉效果,为推动信息和知识的网上交流发挥了不可取代的作用。

但是,HTML 自身的特点使它蕴藏了许多危机,以下为 HTML 的主要缺陷:

(1) 所有的 HTML 标记都是预定义的,而且是固定的,用户不能自定义标记

在 HTML 标记中,所有的标记都是预定的,而且是固定的。如<B>标记说明了加粗显示数据,<H2>标记说明了按照二级标题来显示数据,
标记说明了换行。

(2) HTML 主要用来描述数据的显示格式,而不能描述数据的结构及语义(Semantics)

在 HTML 中,<H2>Apple</H2>这条代码在网络浏览器中有特定的表现,但是HTML 却没有告诉我们它到底是什么。尽管 Apple 只是一个英文单词,但它在不同的环境之中可能会有不同的意义,它可能是指 Apple 计算机公司,也可能是指一种水果,还可能是一个姓氏。但它在显示的页面上指的是什么,HTML 不能给我们明确的答复。于是针对搜索引擎开发人员来说,几乎不能从 HTML 标记本身得到任何有用的信息。

（3）HTML 语言语法不够严格

HTML 中的标记可以不满足嵌套关系的层次完整性，如<H2><H1></H2></H1>，也可以不配对出现，如有<H1>而可以没有</H1>，甚至内容完全可以不用标记来界定。随着 HTML 的标记日益臃肿，而其不严谨的语法要求使得文档结构混乱而缺乏条理，导致浏览器的设计越来越复杂，降低了浏览的时间效率与空间效率。

1.5.2　XML 的特点

XML 是一种类似于 HTML 的置标语言。它既浓缩了 SGML 的精华，又继承了 HTML 的优势，具有如下特点。

（1）XML 是一种可扩展的元置标语言

XML 的标记不是预定义的，是用户自定义的。XML 是一种元置标语言，程序开发人员可以根据它所提供的规则为特定行业和应用程序制定所需要的置标语言。如现在许多行业、机构都已经利用 XML 定义了自己的置标语言，如数学置标语言 MathML，化学置标语言 CML，无线置标语言 WML 等。

（2）XML 是用来描述数据的，重点研究的是什么是数据，如何存放数据

XML 文档编写者可以定义自己的标记集来描述数据。其中标记决定了其内容的属性，如编写者可以用<name>标记来表示名称，那么<name>张三</name>这对标记中的"张三"肯定是代表了某一对象的名称了。如下面是一套用于描述学生信息的置标语言：

```
<学生列表>
  <学生>
    <学号>20013121</学号>
    <姓名>张三</姓名>
    <性别>女</性别>
    <班级>计信一班</班级>
  </学生>
</学生列表>
```

通过这样的描述，肯定了"张三"是某一对象的姓名。而且不难得出"张三"是一个学生的姓名，并且这个学生是计信一班的一个女学生。

（3）XML 使用标准化的数据模型来验证文档内容的有效性

XML 文档的结构和内容是由专门的数据模型来定义的。数据模型定义了有效的标记、标记次序、嵌套规则、属性和 XML 的其他内容等。如上面的关于学生信息的 XML 文档必须通过标准化的数据模型来定义，否则将是无效的文档。

XML 采用文档类型定义（DTD）或者 XML 模式（XML Schema）来描述数据。

（4）XML 文档将文档数据及结构与显示分开

XML 重点在于描述数据，将显示以样式文件形式单独存放。这样显示控制和数据放在不同的文件中，于是只需要改变样式文件就会以相同的数据而以不同的样式进行显示了。比如，可以将一个包括价格、说明和订单号码的汽车零配件目录作为视图显示给购物者，显示给汽车修理工人看的目录可能包括购物者可用的信息以及用于显示安装零件

的位置的图解,而显示给制造商的视图可能只包括有关子部件和材料的信息。

XML 文档可以用级联样式表(Cascade Style Sheet,CSS)和可扩展样式表语言(eXtension Stylesheet Language,XSL)来显示 XML 文档。

1.6 XML 相关技术

XML 规范标准虽然只有二十多页,但是为了更好地使用 XML 技术,W3C 组织又开发了多种 XML 相关的技术,包括:

- 命名空间(Namespace);
- 文档类型定义(Document Type Definition,DTD);
- XML 模式定义语言;
- 文档对象模型(Document Object Model,DOM);
- 用于 XML 的简单 API(Simple API for XML,SAX);
- XML 转换;
- XLink 及 XQuery。

1.7 XML 的应用

作为因特网的新技术,XML 的应用非常广泛,可以说 XML 已经渗透到了 Internet 的各个角落。这里只对 XML 应用的部分领域作简单的介绍。

1. 设计置标语言

XML 是元置标语言,程序开发人员可以根据 XML 所提供的规则为特定行业和应用程序制定所需要的置标语言。比如化学领域的 CML,数学领域的 MathML,移动通信领域的 WML 等。

2. 作为各种异构系统间的数据移植的中间格式

在 Web 的后端连接关系数据是相对常见的。但是,现在的关系数据库系统的提供厂商非常多,它们虽然都使用 SQL 语言来对数据库模型及数据进行操作,但是在数据的存储方式及管理方面还是有很大的甚至本质的区别,甚至是使用的 SQL 语言都有很多不同的地方,这使得系统需要转换数据库系统时,数据的移植变得非常麻烦。而 XML 的数据存储是一种流行的与平台无关的存储方式,于是就可以用 XML 作为各种数据库系统间数据移植的中间格式。

3. 作为各种应用系统间的通用数据交换格式

XML 被广泛地认为是解决应用程序之间的数据交换问题的优选方案。在 XML 出现之前,商业组织之间的交易采用的是电子数据交换(Electronic Data Interchange,EDI),但是 EDI 有许多的缺陷,实现起来太复杂,不灵活,成本太高。XML 的出现,使得数据交换变得更为廉价和方便。

4．不同数据源的集成

XML 提供了将不同来源的结构化数据集成的强大功能，也能实现不兼容数据库的搜索。

5．本地计算和处理

XML 格式的数据发送给客户后，允许客户使用 XML 文档对象 DOM 用脚本语言或其他编程语言来处理，数据不需返回服务器在本地就能进行计算，解放了一些只能在服务器上运行的高端软件。

6．数据的多功能显示

XML 支持的显示模式可以使数据与内容分开，可以根据客户的配置而有所不同，即个性化显示。

7．文件保值

XML 作为一种文件格式，可以用于保存一些需要保值的文件，如政府文件、科学研究报告等。

习题

一、选择题

1．(　　　)置标语言产生的时间最早。

　　A．XML　　　　　B．SGML　　　　　C．HTML　　　　　D．GML

2．(　　　)置标语言可以创建其他的置标语言。

　　A．XML　　　　　B．SGML　　　　　C．HTML　　　　　D．GML

二、填空题

1．在 XML 中，标记的语法是通过_____来描述有效的_____，从而进一步定义置标语言的_____。

2．在 XML 中，为了明确各个标记的含义，XML 使用与之相连的_____向应用程序提供如何处理显示的指示说明。

三、简答题

1．什么是置标语言？

2．什么是 XML？与 HTML 有哪些区别？

第 2 章

XML 语法

本章目标

- 掌握 XML 的文档结构，包括文档声明、处理指令与注释以及元素与属性的定义；
- 了解 CDATA 段；
- 了解实体及字符数据的引用。

任何一门语言都有自己的语法，也即特有的规定性。置标语言用标记来定界和描述数据，是很多标记集合到一起而形成的一整套语法规则。在 HTML 4.0 中有大约 300 个不同的预定义好的标记，而且大多数标记都有自己特定的属性。要控制好 HTML 页面就必须掌握好这些标记及其属性的使用，这也是比较困难的。

XML 作为一种新兴的置标语言也有自己的语法。虽然 XML 具有比 HTML 更强大的可扩展性，但它却不是靠繁多的标记和属性，而是允许用户自定义所需要的标记和属性。用户在编写 XML 文档时必须严格遵从这种语法规则，否则编写的 XML 文档将不能被正确地处理。在本章的学习过程中，您将能体会到这种简单且严格的语法特点。用户在创建自己所需的标记时，也要遵从 XML 中的特定的规则和语法。在学习完第 3 章后，您将能创建自己的标记。

2.1 XML 文档结构

在介绍 XML 的语法之前，先来看一个简单的 XML 文档。

【例 2-1】 一个简单的 XML 文档。

```
[1]  <? xml version="1.0" encoding="GB2312" standalone="yes"? >
[2]  <? xml-stylesheet type="text/xsl" href="mystyle.xsl"? >
[3]  <!--下面是一个联系人名单列表-->
[4]  <联系人列表>
[5]      <联系人>
[6]          <姓名>张三</姓名>
[7]          <ID>001</ID>
[8]          <公司>A公司</公司>
```

```
[9]              <EMAIL>zhang@ aaa.com</EMAIL>
[10]             <电话>(010)62345678</电话>
[11]             <地址>
[12]                 <街道>五街 1234 号</街道>
[13]                 <城市>北京市</城市>
[14]                 <省份>北京</省份>
[15]             </地址>
[16]         </联系人>
[17]     </联系人列表>
```

以上 XML 文档包括 XML 声明、处理指令、注释和 XML 元素。

- 第[1]行是 XML 声明。
- 第[2]行是链接可扩展样式表的处理指令。
- 第[3]行是 XML 注释。
- 第[4]～[17]行是 XML 文档中的各个元素。

从例子中不难看出，XML 同 HTML 一样，也是一个基于文本的置标语言，通过标记来表示数据。不同的是，HTML 是表现式的语言，标记的主要作用是说明如何显示数据，而 XML 中的标记更好地描述了数据的含义和结构。一个完整的 XML 文档至少应该包括 XML 声明和元素。下面就介绍 XML 文档中的各个部分。

2.1.1　XML 文档的声明

在 XML 1.0 标准中，有这样的描述："XML 文档可以，也应该以一个 XML 声明开始"。事实上，一个具有良好结构的 XML 文档应该以 XML 声明开头，其中指明了所用 XML 的版本、字符集及文档独立性等信息。

XML 声明是一种特殊的处理指令，主要作用是告诉 XML 处理程序："下面的文档是按照 XML 文档的标准对数据进行标识的，要用 XML 的语法标准对文档进行格式良好的检查。"

从例 2-1 中可以看出 XML 文档的声明格式如下：

```
<?xml version="1.0" encoding="GB2312" standalone="yes"?>
```

一个 XML 声明以"<?"开始，以"?>"结束。"<?"后紧跟"xml"，表示该文件是 XML 文件。XML 声明包括以下三部分。

1. 版本声明

在 XML 声明中必须指定"version"的属性值，以指明采用的是 XML 的哪个版本。"version＝1.0"表示该文件遵循的是 XML 1.0 标准。如果使用了值"1.0"但又与 1.0 版本的规范不一致，那么这是文件的一个错误。XML 工作组打算赋予 1.0 规范的后续版本不同于"1.0"的数值，当处理器收到的文件标有它们不支持的版本时，可以给出一个错误。

2. 编码声明

字符集指明此 XML 文档采用何种编码方式。所有的 XML 处理器都必须支持 UTF-8 和 UTF-16 的编码标准。"encoding ＝ GB2312"表示该 XML 文件采用的是 GB2312 字符集。XML 不再使用 HTML 等的字符猜测方式处理文档，它要求文档以明确的方式指定其所使用的字符集（即编码方式）。XML 为什么需要知道文档的字符集呢？因为像"＜"、"＞"、"/"、"["、"]"等符号,本来是 XML 规范中所保留的符号。而双字节编码的汉字,有可能出现这种情况,如某个汉字的编码 A 是 xy,而 y 恰巧是"＜"的编码。假如 XML 软件不知道文档的字符集,那么 XML 分析器就会错误地将汉字 A 的低字节 y 当作某个标记的开始符号。所以 XML 分析器必须知道 XML 文档的编码方式。只有知道它所属的字符集,才不会将某个完整的文字编码断开为单个字节,从而避免将某些字节解码成错误的字符。

采用何种编码取决于文档中用到的字符集。例 2-1 中含有中文标记和中文内容,所以需要"encoding＝GB2312"属性。XML 默认支持的编码方式为"UTF-8"。

3. 文档独立性声明

指明该 XML 文档是否依赖于外部 DTD(文档类型定义,后续章节将详细介绍)。"standalone＝yes"表示该文档是一个独立的文档,没有相应的外部 DTD 对 XML 标记进行声明。"standalone＝no"表示有或可能有相应的外部 DTD 对标记进行声明。例 2-1 中的标记没有相应的外部 DTD 对其进行声明,该 XML 文档是一个独立的文档,因此设定"standalone"属性的值为"yes"。

要特别注意的是文档独立性声明只是表示外部声明的存在,如果文件中存在对外部实体的引用,而这些实体已在内部声明时,不影响它的独立状态。

如果不存在外部标记声明,独立文件声明没有意义。如果存在外部标记声明,但没有独立文件声明,就假定取值"no"。

2.1.2　XML 文档的处理指令

处理指令(Processing Instruction,PI)是用来给 XML 解析器提供信息的。换句话说,它提供的是如何解析数据的指令,而不是包含实际的数据。处理指令不是文件字符数据的一部分,但必须传递给处理 XML 文档的应用程序,由应用程序来解析这个指令,按照指令所提供的信息进行处理。

处理指令以"＜?"开头,以"?＞"结束,包含用于指示传递给哪个应用程序的目标(PITarget)和处理指令信息。即遵循下面的格式:

```
<?目标名 处理指令信息?>
```

XML 声明是一个特殊的处理指令,目标名字"xml"或"XML"不能再用到其他的处理指令中。如在例 2-1 中还有另一条处理指令:

```
<?xml-stylesheet type="text/xsl" href="mystyle.xsl"?>
```

以"＜?"开始,"?＞"结束,表示该行是一条处理指令,包括信息如下:

- xml-stylesheet 表示用于格式化此 xml 文档所使用的样式表文件。
- type＝"text/xsl"表示所使用的样式表为 xsl(可扩展样式表)。若样式表是 css(层叠样式表),则属性值应该为"text/css"。
- href＝"mystyle.xsl"表明所使用的样式表文件的路径,这里为与此 XML 文档处于同一目录下的 mystyle.xsl 文件。

2.1.3　XML 文档的注释

程序员在写程序的时候往往希望能在程序中加入一些信息,这些信息不是程序本身的数据,可能是一些修改记录、历史信息、解释说明或其他类型的对程序创建者和文档编辑者有特殊意义的,也有利于读者更好地阅读程序的信息。这种对程序进行解释、说明或额外补充,能让用户自己和别人更容易阅读和理解程序的代码称为注释。在 XML 中也可以加入这种解释性的字符数据。XML 1.0 标准规定注释可以在其他标记之外的文件中的任何位置出现。另外,它们可以在文件类型声明中文法允许的地方出现。XML 处理器对注释文本可以忽略,也可以捕获注释的正文传递给应用程序作为参考。不管怎样,注释文本最多只提供参考,永远不是真正的 XML 数据。在 XML 文档中适当加入注释,对文档和语句进行某些提示或说明,可以使 XML 文档的结构看起来更加清晰,更易于与他人进行交流,也有利用自己将来对文档进行进一步的修改。

同 HTML 中的注释一样,XML 中的注释也是以"<!--"和"-->"作为定界符,语法如下:

```
<!--comment text-->
```

其中,comment text 是注释字符串。XML 1.0 标准中指出,出于对 SGML 的兼容性考虑,注释字符串中不能出现"--"(双连字符)。同时,为避免造成结束分隔符的混乱,"-"(连字符)也不能出现在注释字符串中。下面我们通过几个使用注释的例子来详细介绍在使用注释应该注意的几个问题。

(1) 下面的 XML 注释是合法的。

```
<?xml version="1.0" encoding="GB2312" standalone="yes"?>
<!--下面是一个联系人名单列表-->
<联系人列表>
    <联系人>
        <姓名>张三</姓名>
        <ID>001</ID>
        <公司>A 公司</公司>
        <EMAIL>zhang@ aaa.com</EMAIL>
        <电话>(010)62345678</电话>
        <地址>
            <街道>五街 1234 号</街道>
            <城市>北京市</城市>
            <省份>北京</省份>
        </地址>
    </联系人>
</联系人列表>
```

(2) 下面的 XML 注释中包含元素,但元素中不包含"--",此元素将作为注释的一部分,在解析时将被忽略,是合法的。

```
<?xml version="1.0" encoding="GB2312" standalone="yes"?>
<联系人列表>
    <联系人>
```

```
        <姓名>张三</姓名>
        <ID>001</ID>
        <公司>A 公司</公司>
        <!--此元素在解析时将被忽略
        <EMAIL>zhang@ aaa.com</EMAIL>
        -->
        <电话>(010)62345678</电话>
        <地址>
            <街道>五街 1234 号</街道>
            <城市>北京市</城市>
            <省份>北京</省份>
        </地址>
    </联系人>
</联系人列表>
```

（3）下面的 XML 注释出现在 XML 声明之前，是非法的。

```
<!--下面是一个有关联系人信息的 XML 文档-->
<?xml version="1.0" encoding="GB2312" standalone="yes"?>
<联系人列表>
    <联系人>
        <姓名>张三</姓名>
        <ID>001</ID>
        <公司>A 公司</公司>
        <EMAIL>zhang@ aaa.com</EMAIL>
        <电话>(010)62345678</电话>
        <地址>
            <街道>五街 1234 号</街道>
            <城市>北京市</城市>
            <省份>北京</省份>
        </地址>
    </联系人>
</联系人列表>
```

（4）下面的 XML 注释出现在了 XML 标记中，是非法的。

```
<?xml version="1.0" encoding="GB2312" standalone="yes"?>
<联系人列表<!--这是一个联系人名单列表-->>
    <联系人>
        <姓名>张三</姓名>
        <ID>001</ID>
        <公司>A 公司</公司>
        <EMAIL>zhang@ aaa.com</EMAIL>
        <电话>(010)62345678</电话>
        <地址>
            <街道>五街 1234 号</街道>
            <城市>北京市</城市>
            <省份>北京</省份>
        </地址>
    </联系人>
</联系人列表>
```

（5）下面的 XML 注释中又包含了"--"，是非法的。

```
<?xml version="1.0" encoding="GB2312" standalone="yes"?>
<!--下面是一个联系人--名单列表-->
<联系人列表>
      <联系人>
          <姓名>张三</姓名>
          <ID>001</ID>
          <公司>A 公司</公司>
          <EMAIL>zhang@ aaa.com</EMAIL>
          <电话>(010)62345678</电话>
          <地址>
              <街道>五街 1234 号</街道>
              <城市>北京市</城市>
              <省份>北京</省份>
          </地址>
      </联系人>
</联系人列表>
```

（6）下面的 XML 注释中包含了另一个注释，是非法的。

```
<?xml version="1.0" encoding="GB2312" standalone="yes"?>
<!--下面是一个联系人名单列表
<!--以上是注释部分-->
-->
<联系人列表>
      <联系人>
          <姓名>张三</姓名>
          <ID>001</ID>
          <公司>A 公司</公司>
          <EMAIL>zhang@ aaa.com</EMAIL>
          <电话>(010)62345678</电话>
          <地址>
              <街道>五街 1234 号</街道>
              <城市>北京市</城市>
              <省份>北京</省份>
          </地址>
      </联系人>
</联系人列表>
```

　　XML 文档中的注释并不是文档字符数据的组成部分。在注释部分当中，实体不可能被展开，标记也不会被解释。XML 1.0 标准允许，但不要求 XML 处理器为应用程序提供一种方法来获取注释的文本。因此，XML 应用程序不可能像 HTML 一样依靠使用注释来传输特殊指令。

2.2　XML 文档的元素与标记

　　每个 XML 文档包含一个或多个 XML 元素。在 XML 文档中，所有的 XML 数据（除了注释、处理指令和空白）都必须包含在元素中。元素就像一个容器，存放了 XML 文档的内容。在容器上贴上对具体内容进行准确说明的标记,这样就可以很清楚地表示出文档的意义和逻辑结构。元素由标记进行定界。元素是 XML 文档的主体。

2.2.1　标记

XML 中的标记同 HTML 中的标记有相似之处。如:

<联系人>张三</联系人>

在这个例子中,"<联系人>"是起始标记,"</联系人>"是结束标记。一个标记由以下三部分构成。

- 标记的起始符:"<"即 ASCII 码的小于号,用于表示一个标记的开始。
- 标记名称:一个合法的能对内容进行贴切说明的 XML 名称,如本例中的"联系人"。
- 标记的结束符:">" 即 ASCII 码的大于号,用于表示一个标记的结束。

与 HTML 中标记不同的是,HTML 中的标记都是预定义好的,程序员不能随意改变标记,而 XML 中的标记可以是自定义的,程序员可以根据文档内容和结构的需要定义自己的个性标记。另外,在 HTML 中,不要求所有的标记成对出现,即有些标记可以没有结束标记,如分段标记的使用,"<P>第一段 </P><P>第二段 </P>"与"<P>第一段<P>第二段"都是合法的使用,还有很多其他的标记也可以只有起始标记。在 HTML 中,即使语法要求必须使用结束标记,而在实际编写时只使用了开始标记,有时也能在浏览器上正确地显示。而 XML 的语法是十分严格的,有开始标记就必须有与之对应的结束标记,否则将无法通过语法验证,造成严重错误。第三,HTML 中的标记名不区分大小写,即标记名"HTML"、"Html"、"html"都是同一标记名,而在 XML 中是严格区分大小写的,这三个标记名是完全不同的。

XML 中标记的命名必须符合以下规则:

- 可以以英文字母、中文文字或下划线(_)开头。
- 后面紧跟有效命名字符,除上一条中的内容外,还包括数字、连字符(-)和句点(.),以及在指定编码集中的合法字符。
- 名称中不能包含空格,要使用时,可以用连字符(-)或下划线(_)进行替代。
- XML 严格区分大小写,必须保证开始标记和相应结束标记的完全一致。
- 不能使用"XML"、"xml"或以此顺序排列的这三个字母的任何组合(如 Xml、xMl、xmL 等)开头。W3C 保留对以这三个字母开头的命名的使用权。
- XML 语法中对包含冒号(:)的命名没有进行限制,但在实际应用中,不应该随便包含冒号。因为冒号在命名空间(将在后续章节介绍)中是分隔符,有特殊的含义。

下面来看一些具体的例子,详细说明在 XML 中标记的命名规则。

- 合法的标记名称

Book BOOK 中国 _notebook book_catelog book2

- 非法的标记名称

```
-book  2book  ammount$  xml  XML  xmldata
```

　　标记的概念很简单,使用也不复杂。值得一提的是,HTML 中的标记都是预定义的,主要说明如何显示内容,所以也有 HTML 是一种表现式的语言的说法。而 XML 中的大部分标记是自己定义的,主要说明 XML 文档的逻辑结构,内容的显示则主要通过样式表(CSS 或 XSL)来实现。在 XML 中,内容和显示是分离的。

2.2.2　元素的基本形式

　　XML 元素是由 XML 标记进行定义的。一个元素由起始标记、元素内容和结束标记三个部分组成。起始标记由标记的起始符和标记名称(也可叫做元素名称)构成,一般形式为"<标记名>";结束标记是对相应起始标记的结束,一般形式为"</标记名>"。一个元素的基本形式如下:

　　<标记名>元素内容</标记名>

　　下面是一个具体的元素:

　　<教师 性别="男"> 罗印</教师>
　　　　起始标记　　　元素内容 结束标记

　　在上例中,"性别＝"男""是元素的属性(将在 2.3 节中讲解)。

2.2.3　元素内容

　　元素的内容可以是字符数据、字符引用、实体引用,也可以是其他的元素;既包含字符数据,又包含其他元素,还可以为空。根据元素内容是否为空,可以将元素分为空元素和非空元素两种。

1.　空元素

　　空元素是起始标记和结束标记之间的元素内容为空的元素。也就是说,空元素必须是在起始标记后紧跟结束标记构成的,一般形式如下:

　　<标记名></标记名>

　　比如,想准确地说明文档中的某些位置,可以加入"<位置 1></位置 1>"这样的空元素。这样的空元素只起说明位置的作用,而不提供容器的功能。所以可以采取一种简略的书写形式,以节省空间。空元素的简写形式如下:

　　<标记名/>

　　空元素由一个标记名紧跟一个反斜杠组成,并围在一对尖括号中。它既短小精悍,而且还能明确指出该元素既不会有内容,也不允许有内容。在文档中加入"<位置 1/>",同样能说明文档中的某些位置。

　　在实际应用中,空元素往往带有属性,以提供更多有用的附加信息。带有属性的空元素形式如下:

　　<标记名 属性名=属性值 属性名=属性值 …/>

例如：

```
<罗印 性别= "男"/>
```

2. 非空元素

非空元素即在起始标记和结束标记之间的元素内容不为空的元素。非空元素中的标记必须成对出现,有开始标记就必须有与之对应的结束标记。结束标记与开始标记的唯一区别是,在标记的起始符和标记名之间多了个"/"。要注意的是,XML 是严格区分大小写的,所以必须保证起始标记和结束标记的标记名完全相同,才能正确地匹配。

对于 XML 文档,元素的起始标记和结束标记有着十分重要的作用,它们将 XML 文档的数据进行结构化组织,并确定元素的范围和相互的关系(如父子、兄弟、祖先、后代等)。

(1) 只包含字符数据的元素

元素的内容为纯字符数据,在模式语言中定义此类元素的数据类型时可以定义为简单类型。如:

```
<姓名>张三</姓名>
```

"姓名"元素包含的内容为字符数据"张三"。

(2) 只包含子元素的元素

元素的内容是由其他元素所构成的,此类元素在模式语言中可以将其数据类型定义为包含复杂内容的复杂类型。

下面通过例 2-2 进行说明。

【例 2-2】 非空元素。

```
<?xml version="1.0" encoding="GB2312" standalone="yes"?>
  <!--下面是一个联系人名单列表-->
  <联系人列表>
      <联系人>
          <姓名>张三</姓名>
          <ID>001</ID>
          <公司>A 公司</公司>
          <电话>(010)62345678</电话>
          <地址>
              <街道>五街 1234 号</街道>
              <城市>北京市</城市>
              <省份>北京</省份>
          </地址>
      </联系人>
      <联系人>
          <姓名>张三</姓名>
          <ID>001</ID>
          <公司>A 公司</公司>
          <电话>(010)62345678</电话>
          <地址>
```

```
                <街道>五街 1234 号</街道>
                <城市>北京市</城市>
                <省份>北京</省份>
            </地址>
        </联系人>
    </联系人列表>
```

例 2-2 的 XML 文档的主体部分包含一个"联系人列表"元素,"联系人列表"元素包含两个"联系人"元素,每个"联系人"元素又包含"姓名"、"ID"、"公司"、"电话"和"地址"元素,其中的"地址"元素又包含"街道"、"城市"和"省份"元素。通过元素之间的这种包含关系构成了整个 XML 文档的主体。例 2-2.xml 在浏览器中的显示效果如图 2-1 所示。

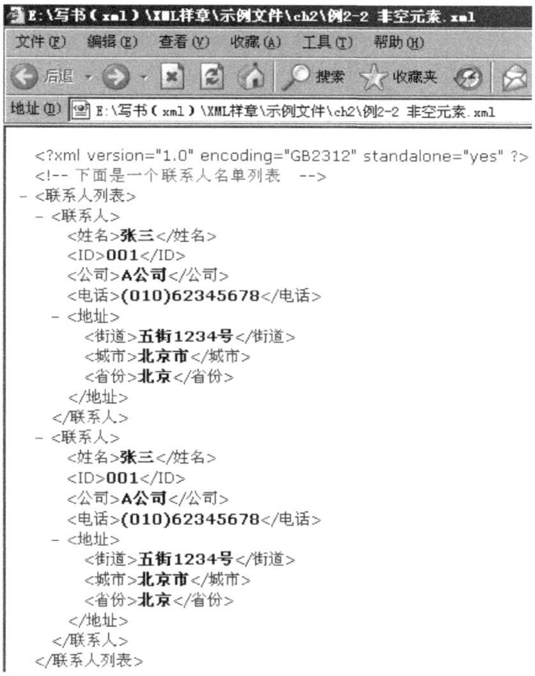

图 2-1　例 2-2.xml 在浏览器中的显示效果

从图 2-1 可以看到,一个结构良好的 XML 文档在浏览器中显示出来后结构非常清晰,并且以不同的颜色表示出了各个不同的部分。一个元素包含的内容是元素时,在元素前面会有一个"—"符号,可以通过单击此符号将元素进行折叠,元素折叠后在其前面会有一个"＋"符号,如图 2-2 所示。由此也可以看出,例 2-2.xml 中的主体部分实际上就是"联系人列表"元素,其余的元素都是"联系人列表"的内容。事实上,一个格式良好的XML 文档必须包含一个根元素,而且只能有一个根元素。"联系人列表"就是例 2-2.xml文档的根元素。

（3）既包含子元素又包含字符数据的元素

元素的内容既有其他元素,又有字符数据,在模式语言中定义此类元素时可以将其数据类型定义为包含混合内容的复杂类型。如:

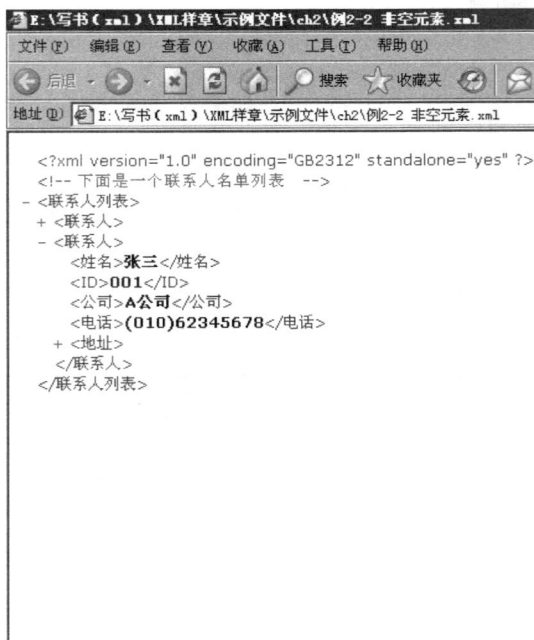

图 2-2   折叠部分元素后的效果

```
<联系人>张三
        <ID>001</ID>
</联系人>
```

"联系人"元素既包含字符数据"张三",又包含子元素"ID"。

2.2.4   元素的嵌套

一个元素中又包含了其他的元素,这就构成了元素的嵌套。元素的嵌套在一个 XML 文档中使用比较频繁。为什么需要元素的嵌套呢?

在 XML 中,元素描述了文档的逻辑结构。对于一个稍微复杂点的文档来说,没有元素的嵌套是很难准确地描述出文档结构的。如下面一些并列的元素。

```
<姓名>张三</姓名>
<ID>001</ID>
<公司>A 公司</公司>
<电话>(010)62345678</电话>
```

要清晰地描述出文档的结构,就需要将这些元素放在另一个元素里,如下所示:

```
<联系人列表>
  <联系人>
      <姓名>张三</姓名>
      <ID>001</ID>
      <公司>A 公司</公司>
      <电话>(010)62345678</电话>
  </联系人>
```

```
<联系人>
    <姓名>张三</姓名>
    <ID>001</ID>
    <公司>A 公司</公司>
    <电话>(010)62345678</电话>
</联系人>
</联系人列表>
```

包含两个元素以上的 XML 文档都是由嵌套元素构成的。XML 语法规定,一个 XML 文档应该有一个根元素,文档中的其他元素都被包含在这个根元素中(如果 XML 文档只有一个元素,则它可以没有其他元素)。如例 2-2 所示,两个"联系人"元素都被"联系人列表"元素所包含,"联系人列表"元素是根元素。其他元素都可看做是根元素的子元素或后代元素。

元素的合理嵌套,清晰地描述出了文档的逻辑结构。这种逻辑结构可以用树的形式表示,即 XML 文档的树状结构。XML 文档树以根节点开始,根节点包含根元素节点、处理指令节点、注释节点等。根元素节点包含 XML 文档中的其他子元素节点。一个 XML 文档对应一棵文档树。对于元素的嵌套,应该注意以下几点:

(1) 元素之间必须正确嵌套,一个元素应该包含另一个元素的开始标记、元素内容和结束标记,才能构成嵌套关系。如下几个示例是错误的嵌套。

```
<联系人>
    </联系人><姓名>张三</姓名>
```

```
<联系人>
    <姓名>
</联系人>张三</姓名>
```

```
<联系人>
    <姓名>张三
</联系人></姓名>
```

```
<姓名><联系人>
    张三</姓名>
</联系人>
```

(2) 一个 XML 文档有且仅有一个根元素。文档中的其他元素都必须被根元素包含。

元素之间的关系可以用家庭关系或树状结构来描述。假设有元素<A>和元素<B>,则它们之间的关系如下:

- 如果<A>元素直接包含<B>元素,则<A>元素是<B>元素的父,<B>元素是<A>元素的子。
- 如果<A>元素是<B>元素的父元素,或者<A>元素是<B>元素的父元素的父元素,以此类推,则<A>元素是<B>元素的祖宗,<B>元素是<A>元素的后代。
- 如果<A>元素和<B>元素都直接被同一个元素包含,则<A>元素和<B>元素互称为兄弟。

在 XML 的树状结构中,那些包含其他子元素的元素叫分支,没有包含其他子元素的元素叫叶子。叶子元素一般都只包含文本内容,或什么都不包含。

2.3　XML 属性

HTML 属性往往用来帮助标记更加精确地控制内容在网页上的显示方式。HTML 中的属性同标记一样也是预定义好的,很多标记都有自己特定的属性。要记住所有标记的属性及这些属性的使用有一定的困难。

与 HTML 不同,XML 中的属性往往起提供附加信息的作用,是可以自定义的。很多时候,我们希望给元素提供更多的说明信息,这些信息与元素本身的内容有所不同,不希望这些信息作为元素的内容出现,这时可以将这些信息作为属性附加在元素上。如果说元素可以看做是 XML 中的名词,那么属性就相当于形容词。

2.3.1　属性的基本形式

属性由一个"名称-值"对构成,并伴随着元素。一个元素可以有多个属性,多个属性通过空格分隔开,称为属性列表。在元素上使用属性的基本形式如下:

```
<标记名 属性名 1="属性值 1" 属性名 2="属性值 2"…>元素内容</标记名>
```

或

```
<标记名 属性名 1='属性值 1' 属性名 2='属性值 2'…>元素内容</标记名>
```

每一个属性都有属性名和属性值,并通过等号(＝)分隔,属性值必须被包含在引号(双引号或单引号)内。对于空元素,使用形式如下:

```
<标记名 属性名 1="属性值 1" 属性名 2="属性值 2"…/>
```

或

```
<标记名 属性名 1='属性值 1' 属性名 2='属性值 2'…/>
```

例如:

```
<金额 货币类型="欧元">1000</金额>
<图片 高度="400" 宽度="300"/>
```

属性经常用来定义一个元素的特性,而且不必作为该元素的内容。具备以下两种特征的信息就应该考虑使用属性来表示。

(1) 与文档有关,但与文档内容无关的简单信息。例如:

```
<联系人文档 最近修改日期="2008/2/12">…</联系人文档>
```

"最近修改日期"这一属性能够说明文档的可靠性,但与联系人内容无关。

(2) 对文档作者有用,但读者并不关心的信息。例如:

```
<图片 高度="400" 宽度="300"/>
```

作者要展示一个图片,需要知道图片的大小以便预留空间。但读者并不关心精确的尺寸。有时候,有些信息既可以用元素表示,也可以用属性表示。例如:

```
<联系人>
      <姓名>张三</姓名>
      <ID>001</ID>
      <公司>A 公司</公司>
      <电话>(010)62345678</电话>
</联系人>
```

也可以表示成:

```
<联系人 ID="001"
        公司="A 公司"
        电话="(010)62345678">
      张三
</联系人>
```

这样,原来作为元素的 ID、"公司"、"电话"都变成了元素的属性,作为元素的内容就只剩下姓名了。这也是符合 XML 语法规范的,但对读者来说能看到的信息就少了。因为属性并不作为内容的一部分显示出来。对于既可以用元素表示,也能用属性表示的信息,应根据实际需要确定。下面给出三点建议。

- 在将已有文档转换为 XML 文档时,文档的原始数据应全部表示为元素。编写者所增加的一些信息,如对文档内容的说明、注释、文档的背景材料等简单信息,可以表示为属性。
- 在 XML 文档中,希望读者看到的内容,应表示为元素,否则表示为属性。
- 对于某些信息实在不知道如何处理的,就表示为元素,因为元素的处理更灵活。

在使用属性时,还应该特别注意以下几个问题。

- 属性可以出现在元素的开始标记或空标记中,但绝不能出现在结束标记中。
- 属性必须既有名称又有值。
- 属性名称遵守 XML 命名规范,且大小写敏感。
- 属性值中的字符"<"、">"、"&"必须转码。如果属性值包含在双引号中,则属性值中的双引号必须转码。同样,如果属性值包含在单引号中,则属性值中的单引号必须转码。
- 同一个元素中,不能具有两个或两个以上的同名属性。如下属性的使用是错误的。

```
<联系人 性别="男" 性别="女">张三</联系人>
```

2.3.2　属性的命名

属性名称的命名规则遵守 XML 命名规范,与标记名称的命名规则相似。

- 可以以英文字母、中文文字或下划线(_)开头。
- 后面紧跟有效命名字符,除上一条中的内容外,还包括数字、连字符(-)和句点(.),以及在指定编码集中的合法字符。
- 名称中不能包含空格,在使用时,可以用连字符(-)或下划线(_)进行替代。

- 名称中含有英文字母时,对大小写敏感。
- 同一个元素中,属性的名称应各不相同。

2.3.3　属性的值

XML 属性值是用引号来界定的,属性值用引号(双引号或单引号)括起来,一般用双引号。属性值的内容没有严格限制,可以包含空格也可以以数字开头。但要注意的是,属性值中包含有特殊含义的符号时,应考虑将这些字符进行转换。例如,属性值中包含"<"时,应使用预定义实体(<)或字符数据引用(<)。如果属性值是使用双引号括起来的,属性值本身又包含双引号,则应使用预定义实体(预定义实体将在 2.4 节中介绍),或将属性值改用单引号括起来;同理,如果属性值是使用单引号括起来,属性值本身又包含单引号,则应使用预定义实体,或将属性值改用双引号括起来。

此外,XML 元素的属性值在被处理时,都被当作字符串处理,如果需要被当作整数、实数等进行处理,则应该先进行相应的"字符串"到"整数或实数"的处理。如,<外套 价格="100"/>中的"100"是字符串,而不是整数 100。

2.4　预定义实体与字符数据的引用

在 XML 文档中,元素的文本内容和属性的值可以是任何合法的 Unicode 字符,但有时直接使用字符的文字形式会导致违反 XML 对格式正规的要求。例如:属性值中包含"<"、单引号(')或双引号(")。因为,"<"可能被认为是一个元素的开始,而单引号(')或双引号(")可能被认为是属性值的结束。

元素的文本内容中包含"<"也会导致语法的错误。"<"在被处理时会被认为是一个新元素的开始,而不会当作该元素的文本内容。若要在属性值或元素的文本内容中包含这样的特殊字符,该怎么办呢? XML 规范提供了字符引用技术和实体引用技术来解决这个问题。

1. 字符引用

在 XML 中,字符引用是一个文字形式的替代品,用来表示一个可显示的字符。它由十进制或十六进制的数字加上"&#"或"&#x",后面紧跟分号(;)组成。格式如下:

```
&#charNumber;    其中 charNumber 为十进制数;
&#xcharNumber;   其中 charNumber 为十六进制数;
```

上面的 charNumber 可能是一个或多个数字,它们对应着任何 XML 允许的统一代码字符值。虽然在 HTML 中十进制数字更加通用,但 XML 还是偏向于使用十六进制的形式,因为统一代码就是使用十六进制进行编码的。

下面是一些常用的字符引用。

- 回车符:
- 换行符:

- 制表符:	
- 空格符:

- $<$：&#60；
- $>$：&#62；
- &：&#38；
- '：&#39；
- "：&#34；

例如，要在 XML 中显示"if a$<$b and b$<$c then a$<$c"，则相应的 XML 文档应写成：

```
<?xml version="1.0" encoding="GB2312" standalone="yes"?>
<关系式>
        if a&#60;b and b&#60;c then a&#60;c
</关系式>
```

如果将 XML 文档写成如下形式，则会出错。

```
<?xml version="1.0" encoding="GB2312" standalone="yes"?>
<关系式>
          if a<b and b<c then a<c
</关系式>
```

当 XML 处理器在处理到$<$b 和$<$c 时，会把其中的"$<$"符号当成是一个标记的开始。显然在这里的"$<$"应该作为小于号，而不是标记的一部分。当然，也可以用另外一种实体引用的技术来解决这个问题。

2．实体引用

实体引用允许在元素内容或属性值中插入任何字符串，这就为字符引用提供了一种助记的替代方式。XML 的文档可以看做是实体的组合。实体应该先声明，然后在其他地方引用。XML 文档被解析时解析器将用文本或二进制数据来代替该实体。

实体引用是一种合法的 XML 名字，前面带有一个符号"&"，后面跟着一个分号（;），实体引用的格式如下：

```
&name;
```

其中，name 是一个合法的 XML 名称。

在 XML 中，已经有 5 个预定好的实体，这些实体可以直接引用，如表 2-1 所示。

表 2-1　XML 中 5 个预定义实体

实　　体	用　　途
&amp;	通常用来替换字符 &（除了在 CDATA 部分中，2.5 节将详细介绍）
&lt;	通常用来替换字符小于号（$<$）（除了在 CDATA 部分中）
&gt;	可能用来替换字符大于号（$>$）（在 CDATA 部分中，如果$>$紧跟着字符串"］］"，就必须使用该实体）
&apos;	可用来替换字符串中的单引号（'）
&quot;	可用来替换字符串中的字符双引号（"）

除了表 2-1 中的 5 个实体,所有实体都必须先定义后才能进行引用。

实体在文档的 DTD 中定义,DTD 可以是一个被称作"外部子集"的文档外的独立对象(在第 3 章中将详细介绍 DTD);也可以是一个在文档本身中使用<!DOCTYPE...>声明的"内部子集"。如果 XML 解析器发现一个未定义的实体引用,就会按照 XML 规范定义的那样报告一个致命错误。

例如,要在 XML 中显示"if a<b and b<c then a<c",除了使用字符引用外,也可以使用实体引用,如下:

```
<?xml version="1.0" encoding="GB2312" standalone="yes"?>
<关系式>
                if a&lt;b and b&lt;c then a&lt;c
</关系式>
```

实体引用还可以用作普通的样本文件。例如下面的文本包含了一对实体引用:

党的十七大报告提出: &science; 核心是 &people;。

假设已经定义了 science 和 people 两个实体,分别代表"科学发展观"和"以人为本",则当引用被替换成它们所代表的值时,将显示为:

党的十七大报告提出:科学发展观 核心是以人为本。

如果实体的替换文本在声明时包含另一个实体引用,该引用会顺序扩展开,直到所有嵌套的引用全部解析完毕。但是,嵌套的"名称"不能够包含对自己的递归引用,不管是直接的还是间接的。

2.5 CDATA 段

CDATA 段是一种用来包含文本的方法,其对象是那些其中的字符如果不如此处理就会被识别为标记的文本。这项特性对于希望在自己的文档中包含特殊标记的使用举例的用户来说是最有用的。例如,要在 XML 文档中包含如下代码:

```
<html>
  <head>
    <title>HTML 代码示例</title>
  </head>
  <body>
    这是一个简单的网页
  </body>
</html>
```

可以利用 2.4 节中介绍的字符引用和实体引用技术,将上面代码中的标记符号替换成相应的字符引用和实体引用。但由于要替换的部分较多,要一一准确替换比较麻烦。对于含有更多特殊字符的文本,操作起来更困难。如果用 CDATA 段,就容易了。

CDATA 段的使用格式如下:

```
<![CDATA[
   文本内容
]]>
```

将上面的网页代码包含在 XML 文档中,就可以写成下面的形式:

```
<![CDATA[
   <html>
      <head>
         <title>HTML 代码示例</title>
      </head>
      <body>
         这是一个简单的网页
      </body>
   </html>
]]>
```

只要有字符数据出现的地方就可能出现 CDATA 段,但它们不能够嵌套。在 CDATA 段中唯一能够被识别的标记字符串就是它的结束分隔符("]]>")。也就是说在 CDATA 段中不能包含"]]>",因为"]]>"会被认为是 CDATA 段的结束。

既然 CDATA 段和实体引用(或字符引用)都能实现相同的功能,那么在具体应用时该如何选择呢? 下面给出两点建议。

- 如果文本内容中的特殊字符较多,例如是 XML 或 HTML 等置标语言的代码;或者格式及可读性要求较高,例如一般的程序源代码,这时推荐使用 CDATA 段。
- 如果特殊字符较少,或者有可能需要做一些特殊处理,例如要做 XSLT 转换,这时推荐使用实体引用或字符引用。

2.6　XML 文档类型

XML 文档可以分为以下三种类型:

1. 格式良好的(Well-formed)XML 文档(或者说是格式正规的 XML 文档)

所有遵守 XML 语法规范的数据对象(文档)都是格式良好的 XML 文档。这类文档在使用时可以不使用 DTD 或模式(Schema)来描述它们的结构,它们也被称作独立的 XML 文档。这些文档不能够依靠外部的声明,属性值只能是没有经过特殊处理的值或默认值。

2. 有效(Validate)的 XML 文档

有效的 XML 文档不仅要遵守 XML 语法规范,同时也要遵守与之相关联的 DTD 或 XML Schema 中定义的相关规则。

3. 无效的 XML 文档

无效的 XML 文档可能没有遵守 XML 语法规则,也可能没有遵守与之相关联的 DTD 或 XML Schema 中定义的相关规则。

要注意的是,格式良好的 XML 文档不一定是有效的;有效的 XML 文档一定是格式良好的。无效的 XML 文档可能是没有遵守 XML 语法规范,也可能遵守了 XML 的语法规范,但不遵守 DTD 或 XML Schema 中的规则。

2.7　实训　建立格式正确的 XML 文档

实训目的:

掌握 XML 的基本语法。

实训内容:

建立一个有关学生信息的 XML 文档。

实训具体要求:

- 文档根元素为"学生列表"。
- "学生列表"元素包含至少 5 个"学生"元素。
- 每个"学生"都包含"学号"、"姓名"、"性别"、"年龄"、"电话"等信息。

习题

一、选择题

1. (　　)是不合法的 XML 名称。

    A. 香港　　　　　B. XML　　　　　C. 成都　　　　　D. _school

2. (　　)是正确的元素的嵌套。

    A. <学生>　　　　　　　　　　　B. <学生>
        <姓名>张三　　　　　　　　　　 <姓名>
        </学生></姓名>　　　　　　　　　</学生>张三</姓名>

    C. <学生>　　　　　　　　　　　D. <学生>
        <姓名>张三</姓名>　　　　　　 张三
        </学生>　　　　　　　　　　　</学生><姓名></姓名>

二、填空题

1. XML 名称规范要求,任何一个 XML 名称都必须以_____、_____或_____开头。

2. XML 属性是以等号隔开的_____对,属性值以_____或_____作为定界。

三、简答题

1. 什么是元素? 在 XML 中使用元素时应注意哪些问题?

2. 什么是元素属性? 使用属性有什么好处?

第 3 章

文档类型定义(DTD)

本章目标

- 掌握 DTD 的基本结构;
- 掌握 DTD 在 XML 文档中的引用;
- 掌握 DTD 中元素和属性的声明。

第 2 章介绍了 XML 文档的基本语法,利用这些语法可以编写出格式良好的 XML 文档。然而,在实际开发中,经常会遇到这样一个问题:如何与他人交流自己设计的结构?

目前很多主流的浏览器已经提供了对 XML 的支持,但这种支持仅限于对 XML 内容的显示。如果所开发的程序还包含了新的词汇表,而通过这些新的词汇就可以明白作者的设计结构,那么作为 XML 词汇表的设计者,就必须通过某种通用的方式来说明词汇表的语法规则。为此,XML 1.0 提供了一种机制——文档类型定义(Document Type Definition,DTD),并将其作为规范的一部分。

DTD 将带来以下优越性:通过创建 DTD,能够准确地定义词汇表。所有词汇表规则都包含在 DTD 中。这样一来在 XML 中就不必像在 HTML 中一样,所有使用的标记都必须是预定义好的,标记的使用规则也是固定的。在 XML 中,就可以通过 DTD 定义自己的元素、属性及这些元素和属性的使用规则。凡是未在 DTD 中出现的规则都不属于词汇表的一部分。只要在文档实例中引入相关 DTD,解析器就可以利用 DTD 验证此文档实例的有效性,并将其中的内容与文档实例进行比较。另外,XML 创作工具也可以通过类似的方式使用 DTD。选择了 DTD 后,创作工具就能够实施该 DTD 中的规则,并根据 DTD 中说明的结构,仅允许用户在文档实例中添加 DTD 规则允许的元素和属性。

在本章,我们将创建有效的 XML 文档实例,它不仅遵守 XML 语法规则,而且符合 DTD 中的相关规则。

3.1 DTD 文档结构

DTD 可以存在于 XML 文档的内部,也可以独立地存在于 XML 文档的外部。不管是内部 DTD 还是外部 DTD,都能对 XML 文档中的词汇进行定义(这里的定义侧重于词汇的使用规则）。简单地说，XML 文档主要由元素和相应的属性构成。所以 DTD 必须对 XML 文档中的元素和属性进行定义。而元素和属性的相关声明则构成了 DTD 文档的主要结构。当然，DTD 也可以对实体和其他项进行声明。

下面来看一个含有简单 DTD 的 XML 文档，如例 3-1 所示。

【例 3-1】 含有内部 DTD 的 XML 文档。

```
[1]   <?xml version="1.0" encoding="GB2312" standalone="yes"?>
[2]   <!DOCTYPE 联系人列表[
[3]   <!ENTITY content "某公司部分联系人信息">
      <!ELEMENT 联系人列表 (说明,联系人)>
      <!ELEMENT 说明 (#PCDATA)>
      <!ELEMENT 联系人 (姓名,ID,公司,EMAIL,电话,地址)>
      <!ELEMENT 姓名 (#PCDATA)>
      <!ELEMENT ID(#PCDATA)>
[4]   <!ELEMENT 公司 (#PCDATA)>
      <!ELEMENT EMAIL(#PCDATA)>
      <!ELEMENT 电话 (#PCDATA)>
      <!ELEMENT 地址 (街道,城市,省份)>
      <!ELEMENT 街道 (#PCDATA)>
      <!ELEMENT 城市 (#PCDATA)>
      <!ELEMENT 省份 (#PCDATA)>
[5]   <!ATTLIST 电话 类别 CDATA "固定电话">
[6]     ]>
[7]   <联系人列表>
        <说明>&content;</说明>
        <联系人>
            <姓名>张三</姓名>
            <ID>001</ID>
            <公司>A 公司</公司>
            <EMAIL>zhang@ aaa.com</EMAIL>
            <电话 类别="固定电话">(010)62345678</电话>
            <地址>
                <街道>五街 1234 号</街道>
                <城市>北京市</城市>
                <省份>北京</省份>
            </地址>
        </联系人>
      </联系人列表>
```

以上 XML 文档包括一个完整的内部 DTD 文档，可以看出[2]～[6]部分是在例 2-1 的基础上明显增加的部分，此部分构成了一个内部 DTD。

- [1]是 XML 声明。
- [2]是内部 DTD 的开始，也是在 XML 文档内部引用 DTD 的方式。
- [3]是实体的声明，实体名为"content"，所代表的内容是"某公司部分联系人信息"。
- [4]是对 XML 文档中要用到的元素的声明。

- [5]是对元素的属性的声明。
- [6]是内部 DTD 的结束标记。
- [7]以后是按照内部 DTD 的规则所写出的一个 XML 文档实例的主体部分。

从例子中不难看出,DTD 的文档结构不是一般的 XML 文档结构,它有自己独立的语法。有了 DTD 我们就可以定义自己的标记的语法规则,从而构建自己特有的置标语言(置标语言就是标记按照一定的规则合在一起而构成的)。

3.2 DTD 中的元素声明

所有有效的 XML 文档中使用的元素都必须在 DTD 中先进行声明。声明的内容包括元素的名称、元素可能包含的内容和所具有的属性,以及元素在 XML 文档中出现的先后顺序、元素与元素之间的关系等。DTD 对 XML 文档中的元素的这种声明称为元素类型声明(ETD)。这样就可以在 DTD 中对元素所能包含的内容进行较为精确的限制,从而控制文档的逻辑结构。

3.2.1 元素声明的语法

从例 3-1 中可以看出,元素类型声明最基本的是要声明元素的名称和元素的内容类型。元素类型声明的基本语法如下:

```
<!ELEMENT elementName elementContentModel>
```

其中,"<!"表示一条指令的开始。ELEMENT 是关键字,表明是在声明一个元素,作为关键字 ELEMENT 一定要大写。elementName 用来指定元素的名称,在使用时用具体的元素名称替代。而 elementContentModel 用来描述元素可能包含的内容,即指定元素内容模型(Element Content Model,ECM)。元素的内容可能是只包含文本的简单内容,也可能包含其他的子元素,还可能既有文本又有子元素。通过元素内容模型(ECM),可以指定元素的内容类型及其他信息,例如子元素出现的顺序及可以出现的次数等。

3.2.2 控制元素的内容

根据元素所包含的内容,即通过元素内容模型(ECM)可以将元素内容类型归纳为以下 6 种。

- 简单类型:元素内容只能是文本字符内容,且没有属性。
- 包含简单内容的复杂类型:元素内容只能是文本字符内容,但可以有属性。
- 包含复杂内容的复杂类型:元素内容可以包含子元素,也可以有属性。
- 混合内容类型:元素内容既可以有文本字符内容,也可以包含子元素,同时还可以有属性。
- 空内容类型:元素内容为空,但可以有属性,此类元素一般都带有属性。
- 任何内容类型:元素内容不受限制,也可以有属性。

1. 简单类型声明

简单类型表示元素只能含有文本字符,声明语法如下:

```
<!ELEMENT elementName(#PCDATA)>
```

elementName 是要声明的元素的名称,在具体应用时,用实际要定义的元素名称取代。"(♯PCDATA)"部分是对元素内容模型的描述,"♯PCDATA"表示元素只能包含字符数据。PCDATA 是 Parser Character DATA 的缩写,意思是可解析字符数据,实际上就是字符数据。

例如对例 3-1 中的"说明"元素的声明:

```
<!ELEMENT 说明 (#PCDATA)>
```

对于这个声明,以下的"说明"元素的使用都是合法的:

```
<说明>&content;</说明>
<说明>某公司部分联系人信息</说明>
```

2. 包含简单内容的复杂类型声明

简单内容表示元素只能包含合法的 XML 文本字符。而复杂类型表示该元素还可以有属性。带有简单内容的复杂类型的元素类型声明(ETD)采用的结构与简单类型声明的结构一样。但是在该元素上还有属性定义,即还要在 DTD 中给该元素声明属性。

如例 3-1 中的"电话"元素的声明:

```
<!ELEMENT 电话 (#PCDATA)>
<!ATTLIST 电话 类别 CDATA "固定电话">
```

先声明"电话"元素所包含的内容是只含字符数据的简单内容,再声明该元素上使用的属性,属性名为"类别",属性值是字符数据,默认取值为"固定电话"。对于这个声明,"电话"元素的以下使用是合法的:

```
<电话 类别="固定电话">(010)62345678</电话>
<电话 类别="移动电话">13880443013</电话>
```

3. 包含复杂内容的复杂类型声明

复杂内容表示元素内容可以包含其他元素作为该元素的子元素。复杂类型表示该元素可以有属性。对复杂内容的声明,只需将含有简单内容的复杂类型声明中的内容模型(ECM)部分改为相应的子元素即可,语法如下:

```
<!ELEMENT elementName(element1,element2,...)>
```

"element1"与"element2"表示所声明的元素含有的子元素,在具体应用中,以具体子元素名称替代即可。如例 3-1 中的"联系人列表"和"联系人"元素的声明:

```
<!ELEMENT 联系人列表 (说明,联系人)>
<!ELEMENT 联系人 (姓名,ID,公司,EMAIL,电话,地址)>
```

对于所包含的子元素,可以控制其出现的先后顺序、出现的次数,还可以对子元素进行分组。

（1）控制子元素出现的先后顺序

在这种格式下，元素拥有哪些子元素，每个子元素出现的次数和位置都有明确的规定，在具体的文档实例中，必须严格执行。这就是子元素列表的设置方式。语法如下：

```
<!ELEMENT Element_name(child_element,child_element,...)>
```

在此语法中，(child_element,child_element,...)部分为元素 Element_name 所拥有的子元素列表。子元素按照设想的某种次序（这种次序以逗号隔开）依次出现，如例 3-1 中元素"联系人"所包含的子元素，在 XML 实例文档中必须按照"姓名"、"ID"、"公司"、"EMAIL"、"电话"、"地址"的顺序依次出现，而且每个元素必须出现一次。如果同一元素需要多次出现，就需要将该元素重复地包含在子元素中。如：

```
<!ELEMENT 个人信息(姓名,性别,喜好,喜好)>
```

这个声明中，"个人信息"就可以包含两个"喜好"子元素，以下实例是合法的：

```
<个人信息>
    <姓名>张三</姓名>
    <性别>男</性别>
    <喜好>书法</喜好>
    <喜好>音乐</喜好>
</个人信息>
```

在实际应用中，这种情况会经常遇到。个人喜好要根据个人的不同情况而定，可能很少，也可能很多。也就是说，不同的实例文档中的"喜好"可能出现 1 次、2 次，也可能出现多次，对于同一元素可以出现的次数在 DTD 声明中可以进行较为严格的控制。

（2）控制元素出现的次数

在子元素列表的设置方式中，除了设置各个子元素的出现顺序，也隐含地规定了各元素的出现次数为 1 次。同一元素要多次出现，可以将此元素在子元素列表中重复相应的次数。但出现的次数太多，或出现的次数不能确定时，这种方法就显得比较笨拙了。可以利用简单的符号来控制元素出现的次数。

DTD 支持的可以控制元素出现次数的符号，如表 3-1 所示。

表 3-1　控制元素次数的符号

支持的符号	确定的次数	支持的符号	确定的次数
?	0 次或 1 次	+	1 次或多次
*	0 次或多次，即任意次		

在使用时将具体的符号加在要控制的元素后就可以实现对该元素出现次数的控制了。具体使用方法如下。

设定一个元素可以出现 1 次，也可能不出现。这可以通过在元素名后面追加一个"?"符号来实现。如：

```
<!ELEMENT 个人信息(姓名,性别,喜好?)>
```

则以下实例都是合法的：

```
<个人信息>
    <姓名>张三</姓名>
    <性别>男</性别>
    <喜好>书法</喜好>
</个人信息>
```

或

```
<个人信息>
    <姓名>张三</姓名>
    <性别>男</性别>
</个人信息>
```

设定一个元素可能不出现,也可能出现 1 次或多次,这可以通过在元素名后面追加一个"*"符号来实现。如:

```
<!ELEMENT 个人信息 (姓名,性别,喜好*)>
```

则以下实例都是合法的:

```
<个人信息>
    <姓名>张三</姓名>
    <性别>男</性别>
</个人信息>
```

或

```
<个人信息>
    <姓名>张三</姓名>
    <性别>男</性别>
    <喜好>书法</喜好>
</个人信息>
```

或

```
<个人信息>
    <姓名>张三</姓名>
    <性别>男</性别>
    <喜好>书法</喜好>
    <喜好>音乐</喜好>
    <喜好>运动</喜好>
</个人信息>
```

设定一个元素可能出现 1 次,也可能出现多次。这可以通过在元素名后追加一个"+"符号实现。如:

```
<!ELEMENT 个人信息 (姓名,性别,喜好+)>
```

则以下实例是合法的:

```
<个人信息>
    <姓名>张三</姓名>
```

```
        <性别>男</性别>
        <喜好>书法</喜好>
    </个人信息>
```

或

```
    <个人信息>
        <姓名>张三</姓名>
        <性别>男</性别>
        <喜好>书法</喜好>
        <喜好>音乐</喜好>
        <喜好>运动</喜好>
    </个人信息>
```

(3) 从元素中进行选择

有时需要在两个或多个互斥的元素中选择其中一个。从多个元素中进行选择使用"或"符号,即"|"。语法如下:

```
<!ELEMENT element_a (element_b|element_c|...)>
```

此声明表示从 element_b、element_c 等元素中选择一个元素作为元素 element_a 的子元素。

例如对于个人信息,其配偶一项,当被描述者是男性时,表示配偶的元素应该是"妻子";若描述者是女性,则表示配偶的元素应该为"丈夫"。此时需要根据被描述者的性别来确定表示配偶的子元素是"妻子"还是"丈夫",这两个子元素不能同时出现在个人信息元素中,如例 3-2 所示。

【例 3-2】　从元素中进行选择。

```
<?xml version="1.0" encoding="GB2312" standalone="yes"?>
<!DOCTYPE 员工信息 [
    <!ELEMENT 员工信息 (员工+)>
    <!ELEMENT 员工 (姓名,性别, (妻子|丈夫))>
    <!ELEMENT 姓名 (#PCDATA)>
    <!ELEMENT 性别 (#PCDATA)>
    <!ELEMENT 妻子 (姓名,性别)>
    <!ELEMENT 丈夫 (姓名,性别)>
    ]>
<员工信息>
    <员工>
        <姓名>李虎</姓名>
        <性别>男</性别>
        <妻子>
            <姓名>吴小花</姓名>
            <性别>女</性别>
        </妻子>
    </员工>
    <员工>
```

```
        <姓名>王梅</姓名>
        <性别>女</性别>
        <丈夫>
            <姓名>李海</姓名>
            <性别>男</性别>
        </丈夫>
    </员工>
</员工信息>
```

选择性元素还可以与其他控制元素次数的方法组合使用,这样可以实现对元素内容更为灵活的控制。如在找工作时通常希望留下自己的联系方式,联系方式可以只留一种,为了方便及时联系,往往需要留下多种联系方式。可以按如下方法实现:

```
<!ELEMENT 联系方式 (固定电话|手机|EMAIL|QQ) * >
```

此声明中"＊"表示可以在"固定电话"、"手机"、"EMAIL"、"QQ"中进行任意次地选择,也就是说"联系方式"可能没有子元素,也可能有一个子元素,还可能有多个子元素,相同子元素也可以重复出现。

以下实例都是合法的:

```
<联系方式>
    <固定电话>87989653</固定电话>
</联系方式>
```

或

```
<联系方式>
    <固定电话>87989653</固定电话>
    <QQ>441838906</QQ>
</联系方式>
```

等。

需要说明的是,对于"联系方式"中出现多个子元素的情况,是多次选择后的结果,是"＊"在发挥作用,而不是意味一次可以选择多个元素。对于在选择后追加"?"和"＋"也可以按照同样的方法理解。

(4) 对子元素进行分组

在声明包含复杂内容的复杂类型元素时,可以使用括号将其部分子元素组合为一个"元素组",该元素组在特性上与普通元素没有什么区别。在元素组内部,元素要按规定的次序出现,而且可以对其应用控制元素出现次数的"＊"、"?"、"＋"等控制符,这就进一步增加了元素内容设定的灵活性。

对子元素进行分组的语法如下:

```
<!ELEMENT element(child_element,...(child_element,...),...)>
```

例如,在找工作时为了让公司更加相信自己的实践工作能力,往往需要在简历上注明以往工作经历,每一次工作经历应该提供起始时间和工作单位等信息。可以通过以下方法实现。

```
<!ELEMENT 个人简历(姓名,性别,出生年月,(工作单位,起始时间,结束时间)＊,联系方式＊)>
```

则以下实例是合法的：

```
<个人简历>
    <姓名>李海</姓名>
    <性别>男</性别>
    <出生年月>1984-12-25</出生年月>
    <工作单位>北方电子联合公司</工作单位>
    <起始时间>2007-3-4</起始时间>
    <结束时间>2007-5-1</结束时间>
    <工作单位>新东方电子有限公司</工作单位>
    <起始时间>2008-1-5</起始时间>
    <结束时间>2008-3-1</结束时间>
    <联系方式>lihai@ 163.com</联系方式>
</个人简历>
```

在这个实例中由"工作单位"、"起始时间"和"结束时间"构成的组共出现了两次。

4. 混合内容类型声明

混合内容类型的元素允许其内容可以既包含字符数据又含有子元素。声明此类元素的基本语法如下：

```
<!ELEMENT elementName(#PCDATA|element1|element2|...)＊>
```

例如：

```
<!ELEMENT 联系人(#PCDATA|姓名|电话|EMAIL)＊>
```

则以下实例都是合法的：

```
<联系人>
    <姓名>李海</姓名>
    <电话>(028)87346570</电话>
    <EMAIL>lihai@ 163.com</EMAIL>
</联系人>
<联系人>
    <姓名>李小明</姓名>
    <电话>(028)87949581</电话>
    <EMAIL>zxiaom@ 163.com</EMAIL>
    该人是公司销售员
</联系人>
<联系人>
    <姓名>王丽丽</姓名>
    该人是公司经理
    <EMAIL>lili@ 163.com</EMAIL>
</联系人>
```

元素既有字符数据又可包含子元素，从表面上看元素内容的限制少了,但这样会扰乱文档的层次结构,一般在完成的文档中是不应该出现这种混合元素的。从技术上说,可以轻易地建立一个元素来包含这些字符数据。包含混合内容的元素在实际应用中用得较少。

5. 空内容类型声明

在 XML 实例文档中,还可能有这样的元素,元素本身不包含任何内容,但可以有属性。这种元素的声明语法如下:

```
<!ELEMENT elementName EMPTY>
```

关键字 EMPTY 必须大写,表示元素 elementName 不能包含任何内容,包括文本字符及元素,但是它可以有属性,即在 DTD 中可以有属性声明。

例如:

```
<!ELEMENT 图片 EMPTY>
```

在 XML 实例文档中,使用如下:

```
<图片/>
```

一般情况下,空元素都包含属性,否则该元素的出现没有多大的意义。

6. 任何内容类型声明

这是对于元素内容的最为宽松的限定,实际对元素内容几乎没有任何要求,语法如下:

```
<!ELEMENT Element_name ANY>
```

关键字 ANY 必须大写,表示元素的内容可以是任意子元素,也可以是合法的字符数据。

例如:

```
<!ELEMENT 说明 ANY>
```

则以下的实例都是合法的:

```
<说明>2008 年 2 月修改后的联系人信息</说明>
<说明>&content;</说明>
<说明><联系人>李海</联系人></说明>
```

实际应用中,除非文档明确要求使用这样的元素,否则最好避免使用这种设定。过分的滥用将导致文档结构的不明确,这与使用 DTD 的初衷背道而驰。应该尽可能准确地描述每个元素的内容。

3.3 DTD 中的属性声明

同元素一样,所有有效的 XML 文档中使用到的属性也必须先在 DTD 中进行声明。声明的内容包括属性在哪个元素上使用,属性的名称,属性值的类型,属性默认值,以及元素是否必须要有该属性等信息。

3.3.1　属性声明语法

在 DTD 中,属性的声明是通过属性类型声明(Attribute Type Declare,ATD)来实现的。属性类型声明的语法如下:

单个属性的声明:

```
<!ATTLIST elementName attributeName attributeType [keyword]
[attributeDefaultValue]>
```

同一元素上多个属性的声明,即属性列表声明:

```
<!ATTLIST elementName attributeName1 attributeType [keyword] [attributeDefaultValue]
attributeName2 attributeType [keyword] [attributeDefaultValue]
...>
```

其中:

- <!ATTLIST 表示该指令为定义属性的指令。ATTLIST 是关键字,要大写。
- elementName 是包含该属性的元素的名称。
- attributeName 是要定义的属性的名称。
- attributeType 是属性值的类型。
- keyword 是设定默认值的关键字,它是一个可选项。设定该项的作用是可以对属性取值作出一些规定,主要有文档是否需要为一个属性提供取值,是否在未定义取值时使用它的默认值,这个默认值是否可以修改等。
- attributeDefaultValue 为属性的默认值,必须包含在一对引号(单引号或双引号)中。它也是一个可选项。设定该项的作用是,如果在 XML 实例文档中没有明确地对该属性赋值,那么属性值将默认取在 DTD 文档中对该属性设定的默认值。

例如:

```
<!ATTLIST 联系人 性别 CDATA"女">
```

声明了使用在元素"联系人"上的属性"性别",属性取值为字符数据,默认值为"女"。如果要在"联系人"元素上使用其他属性,也可以使用以下的方法进行声明:

```
<!ATTLIST 联系人 性别 CDATA"女">
<!ATTLIST 联系人 年龄 CDATA>
```

或

```
<!ATTLIST 联系人 性别 CDATA"女"
                年龄 CDATA>
```

3.3.2　属性默认值的定义

在 DTD 中声明属性的默认值时,可以通过设定 Keyword 的值,对属性的取值作出一些规定,根据这些规定的具体情况,属性的默认值又可以分为以下 4 类。

(1) 将 Keyword 设置为"♯IMPLIED":表示该属性是可选的,即在 XML 实例文档中，可以有该属性，也可以没有。声明语法如下：

```
<!ATTLIST elementName attributeName attributeType #IMPLIED >
```

例如：

```
<!ELEMENT 文章 (#PCDATA)>
<!ATTLIST 文章 作者 CDATA #IMPLIED>
```

则下面的 XML 实例片段是合法的：

```
<文章> 论中国经济的发展 </文章>
<文章 作者="Tom"> 论中国经济的发展</文章>
```

（2）将 Keyword 设置为"♯REQUIRED"：表示属性是必需的，即在 XML 实例文档中，必须使用该属性。声明语法如下：

```
<!ATTLIST elementName attributeName attributeType #REQUIRED>
```

例如：

```
<!ELEMENT 文章 (#PCDATA)>
<!ATTLIST 文章 作者 CDATA #REQUIRED>
```

则下面的 XML 实例片段是合法的：

```
<文章 作者="Tom"> 论中国经济的发展</文章>
```

下面的 XML 实例片段是不合法的：

```
<文章> 论中国经济的发展 </文章>
```

（3）将 Keyword 设置为"♯FIXED"：表示该属性的值是固定不可变的，在这种情况下，必须给出属性的默认取值。在 XML 实例文档中，如果没有使用该属性，XML 解析器将自动给该属性赋予这里声明的固定值；如果使用了该属性，属性的取值只能是这个固定值，不能重新赋新值。声明语法如下：

```
<!ATTLIST elementName attributeName attributeType #FIXED attributeDefaultValue>
```

例如：

```
<!ELEMENT 联系方式 (#PCDATA)>
<!ATTLIST 联系方式 电话 CDATA #FIXED "移动电话">
```

则下面的 XML 实例片段是合法的：

```
<联系方式>13662445892</联系方式>
<联系方式 电话="移动电话">13662445892</联系方式>
```

下面的 XML 实例片段是不合法的：

```
<联系方式 电话="固定电话"> (028)87956823</联系方式>
```

（4）没有设置 Keyword，直接给出默认值：表示给予该属性一个具体的默认值，即在

XML 实例文档中,如果没有使用该属性,XML 解析器将自动给该属性赋予默认值。如果使用了该属性,属性值可以是这里的默认值,也可以重新赋一个新值。声明语法如下:

```
<!ATTLIST elementName attributeName attributeType attributeDefaultValue>
```

例如:

```
<!ELEMENT 联系方式 (#PCDATA)>
<!ATTLIST 联系方式 电话 CDATA "移动电话">
```

则下面的 XML 实例片段是合法的:

```
<联系方式>13662445892</联系方式>
<联系方式 电话="移动电话">13662445892</联系方式>
<联系方式 电话="固定电话">(028)87956823</联系方式>
```

3.3.3　属性的类型

在 DTD 中对属性的取值不像在 Schema 中有很细致的规定。Schema 对数据类型的描述功能很强大,甚至允许定义自己需要的类型。DTD 中共有 10 种数据类型,如表 3-2 所示。

表 3-2　DTD 中的 10 种属性类型

属性类型	含　　义
CDATA	字符数据(字符串)
Enumerated	枚举值,接受用户显式定义的属性可选值中的一个值
ID	ID 类型,特定文档中唯一的名称
IDREF	ID 引用类型,对某些具有 ID 属性的元素的引用,这些元素的 ID 属性值必须与 IDREF 属性的值相同
IDREFS	多个 ID 引用类型,若干以空格分隔的 IDREF
ENTITY	实体类型,已定义的实体的名称
ENTITIES	多实体类型,若干以空格分开的实体名称
NMTOKEN	XML 名称
NMTOKENS	由空格分开的多个 XML 名称
NOTATION	符号引用类型,在 DTD 中声明为用于指示表示法类型的名称

1. CDATA 类型

CDATA 指的是纯文本字符,可以是任何属性值能够包含的任何长度的字符串,但不能包含标记。采用的声明格式如下:

```
<!ATTLIST elementName attributeName CDATA attributeDefaultValue>
```

例如前面的例子<!ATTLIST 联系方式 电话 CDATA "移动电话">就设定了属性值的类型为 CDATA 类型。

在实际应用中,当属性值为纯文本时,就可以将该属性声明为 CDATA 类型。

2. Enumerated(枚举值)

枚举类型是指一组可接受的取值列表。"Enumerated"并不是关键字,在使用时只需将可能的取值列举出来,属性的值可以从这个取值列表中任选一个。为了声明枚举属性,在通常出现类型关键字的位置应该放置一组值。这些可选值包含在圆括号中,并以"|"符号分隔开。声明中的可选值不需要带引号,但是与 XML 中的名称一样,它是大小写敏感的。XML 实例文档中的属性必须包含唯一的一个可选值,且这个值必须是在属性声明中列举的。

声明格式如下:

```
<!ATTLIST elementName attributeName(枚举值 1|枚举值 2| ...) attributeDefaultValue>
```

例如:

```
<!ATTLIST 交通灯 颜色(红色|绿色|黄色) "红色">
```

则下面 XML 实例片段是合法的:

```
<交通灯 颜色="红色"/>
<交通灯/>
```

在声明枚举类型时没有给出"REQUIRED"关键字,在实例文档中可以没有属性,这时解析器将给元素属性赋默认值,在使用了属性时,属性取值必须是列表中的一个。

下面的 XML 实例片段是不合法的:

```
<交通灯 颜色="蓝色"/>
```

在实际应用中,有时我们只希望允许属性值是一小部分字符串值,例如:"yes"或"no"是表示决策的枚举值;"红"、"黄"或"绿"是信号灯的颜色;"男"或"女"是一个人的性别等。在这些情况下,我们要采用枚举属性。

3. ID 类型、IDREF 类型和 IDREFS 类型

ID 类型的属性,其属性值在文档中必须是唯一的。实际上 ID 类型的属性是在用属性值的方式标识了文档中的一个唯一元素。

声明格式如下:

```
<!ATTLIST elementName attributeName ID #REQUIRED>
```

例如:

```
<!ATTLIST 员工 编号 ID #REQUIRED>
```

则下面的 XML 实例片段是合法的:

```
<员工 编号="0001">李海</员工>
<员工 编号="0002">夏威</员工>
<员工 编号="0003">黄燕</员工>
```

下面的 XML 实例片段是不合法的：

```
<员工 编号="0001">李海</员工>
<员工>夏威</员工>
<员工 编号="0001">黄燕</员工>
```

需要说明的是，ID 类型的属性值必须是一个有效的 XML 名称。实际应用中，对于这类能起到唯一标识功能的属性，一般都要求设定关键字"REQUIRED"。为了避免在 XML 实例文档中，给这类属性赋予相同的值，声明时一般不要设定默认值，更不能设定关键字"FIXED"。特殊情况下也可以设定关键字"IMPLIED"。

在实际应用中，一般要通过引用才能使 ID 类型的属性发挥作用。可以通过对 ID 类型的属性的引用，在两个对象之间建立一对一的关系。这就是 IDREF 类型，它可以用于在文档中创建链接和交叉引用。

声明 IDREF 类型的属性格式如下：

```
<!ATTLIST elementName attributeName IDREF>
```

例如：

```
<!ATTLIST 员工 编号 ID #REQUIRED>
<!ATTLIST 员工 上司 IDREF>
```

则下面的 XML 实例片段是合法的：

```
<员工 编号="0001">李海</员工>
<员工 编号="0002" 上司="0001">黄燕</员工>
```

这样，将员工"黄燕"和员工"李海"联系在了一起，表明了他们之间的关系，李海是黄燕的上司。作为上司与下属的关系，应该是员工之间的，所以属性"上司"的取值必须是已有的 ID 类型属性的取值。

下面的 XML 实例片段是不合法的：

```
<员工 编号="0001">李海</员工>
<员工 编号="0002">夏威</员工>
<员工 编号="0003" 上司="0004">黄燕</员工>
```

IDREF 属性的值必须受到与 ID 类型同样的约束。它们必须与文档中的某个 ID 属性具有相同的值。

有时我们还希望将一个元素与其他多个元素建立关系。这就要依靠 IDREFS 类型。它能够建立一对多的关系。这类属性的值是一系列以空格分隔开的 ID 值。其中每个 ID 值必须满足对 ID 类型的约束，必须与文档中的 ID 属性值相匹配。

声明 IDREFS 类型的属性格式如下：

```
<!ATTLIST elementName attributeName IDREFS>
```

例如：

```
<!ATTLIST 员工 编号 ID #REQUIRED>
```

```
<!ATTLIST 员工 上司 IDREFS>
```

则下面的 XML 实例片段是合法的：

```
<员工 编号="0001">李海</员工>
<员工 编号="0002">夏威</员工>
<员工 编号="0003" 上司="0001 0002">黄燕</员工>
```

这表明员工"李海"和"夏威"都是员工"黄燕"的上司。

在将 XML 作为本地数据库与专用数据模式之间的转换工具时，ID、IDREF 和 IDREFS 类型的属性显得非常有用。合理利用这三种类型的属性，就可以表示出在关系数据库中常见的关系。

4. ENTITY 类型和 ENTITIES 类型

ENTITY 类型的值表示对一个未解析内容的引用。通过将其作为有效的属性值，文档创作者可以引用各种类型的数据，而不仅仅是 XML 标记。如果有一个图形文件，并希望将它作为图解，可以借助实体将它插入文档中。

声明 ENTITY 类型的属性格式如下：

```
<!ATTLIST elementName attributeName ENTITY >
```

例如：

```
<!ELEMENT IMAGE EMPTY>
<!ATTLIST IMAGE src ENTITY # REQUIRED>
<!ENTITY zjfy SYSTEM "zjfy.jpg">
```

则在 XML 实例文档中可以通过下面的方式将图片插入文档：

```
<IMAGE src="zjfy"/>
```

这里的"zjfy"是在 DTD 中声明的实体名称，通过该实体名称可以联系到图片"zjfy.jpg"。实体类型还能够重用公共的内容，提高代码效率。对于一个可能多次出现的内容，可以先声明代表该内容的实体，然后通过引用实体实现对内容的调用。

ENTITIES 类型表示由空格分隔开的多个 ENTITY 类型值的列表。属性值中的每个名称必须符合 ENTITY 类型的规则，实体名称之间以空格分隔。可以按照理解 IDREFS 类型的方法理解，不再举例说明。

5. NMTOKEN 类型和 NMTOKENS 类型

NMTOKEN 是 Name Token 的缩写，称为名称记号。在某些情况下，我们可能希望属性值是离散的记号，而不是文本，这时候我们可以利用枚举类型，当要对属性值列表能进行无限扩展时，就要依靠 NMTOKEN 类型了。NMTOKEN 类型的值只能是由英文字母、数字、下划线(_)、连接符(-)、句点(.)、冒号(:)等字符所构成的字符串，且字符串中间不得出现空格符，两头的空格将被删除，最好也不要有冒号，因为冒号在命名空间中有特殊意义。与元素和属性名称不同的是，NMTOKEN 的第一个字符可以是任意合法字符。

声明 NMTOKEN 类型的属性格式如下：

```
<!ATTLIST elementName attributeName NMTOKEN >
```

例如：

```
<!ELEMENT 姓名 (#PCDATA)>
<!ATTLIST 姓名 英文名字 NMTOKEN #IMPLIED>
```

则下面的 XML 实例片段是合法的：

```
<姓名 英文名字="Hai_Li">李海</姓名>
```

属性值"Hai_Li"中间要用下划线进行连接，如果改成空格就是非法的了。实际应用中，我们更希望将下划线改成空格，这时候就要用到 NMTOKENS 类型。NMTOKENS 是由多个 NMTOKEN 构成的，是以空格分隔开的 NMTOKEN 类型值的列表。列表中必须至少有一个 NMTOKEN 类型值。

声明 NMTOKENS 类型的属性格式如下：

```
<!ATTLIST elementName attributeName NMTOKENS >
```

例如：

```
<!ELEMENT 姓名 (#PCDATA)>
<!ATTLIST 姓名 英文名字 NMTOKENS #IMPLIED>
```

则下面的 XML 实例片段是合法的：

```
<姓名 英文名字="Hai Li">李海</姓名>
```

此时属性值中可以有空格，表示两个 NMTOKEN 类型值之间的分隔。

6. NOTATION 类型

在实体类型中，可以通过将实体名称作为属性值的方式，使不可解析内容（如图形、图像文件）与元素相关联。然而，XML 解析器并不能直接对这种二进制格式的数据进行解析，但它可以使用符号（notation）标识将自己不能处理的数据交给外部应用程序去处理。在符号声明中要说明文件格式的名称及相关的外部应用程序。所以，在使用 NOTATION 类型属性前，应该先声明一个符号，语法如下：

```
<!NOTATION 格式 SYSTEM|PUBLIC   应用处理程序>
```

例如：

```
<!NOTATION jpg SYSTEM "jpgviewer.exe">
<!NOTATION gif SYSTEM "gifviewer.exe">
```

这样，当将"jpg"作为 NOTATION 类型属性的属性值时，将把与之相关的数据发送给 jpgviewer.exe 进行处理。当将"gif"作为 NOTATION 类型属性的属性值时，将把与之相关的数据发送给 gifviewer.exe 进行处理。有了符号声明中的相关信息作参考，就可以声明 NOTATION 类型的属性了。

声明 NOTATION 类型的属性格式如下：

```
<!ATTLIST elementName attributeName NOTATION (notation1|notation2|...)
defaultValue>
```

其中,"notation1"、"notation2"等必须为已声明的符号,而且在 XML 实例文档中,只能取列表中的值。

例如:

```
<!ELEMENT 图片 EMPTY>
<!NOTATION jpg SYSTEM "jpgviewer.exe">
<!NOTATION gif SYSTEM "gifviewer.exe">
<!ATTLIST 图片 类型 NOTATION  (jpg|gif) "gif">
```

则下面的 XML 实例片段是合法的:

```
<图片 类型="jpg"/>
```

3.4　DTD 的引用

DTD 可以声明在 XML 文档内部,也可以独立成为一个文件。根据 DTD 声明的位置的不同,可以将其分为两种类型,即内部 DTD 和外部 DTD。

3.4.1　内部 DTD 的引用

内部 DTD 是将 XML 实例文档中的元素、属性、实体等信息的声明放在 XML 文档本体中。使用内部 DTD 对 XML 文档的有效性进行验证的格式如下:

```
<?xml version="1.0" encoding="GB2312" standalone="yes"?>
<!DOCTYPE Rootelementname[
        DTD 对元素、属性、实体等的声明
]>
    Xml 文档主体
```

其中,"<!"表示一条指令的开始,"DOCTYPE"表示该指令为文档类型定义指令。"Rootelementname"为 XML 实例文档中的根元素名称。"]>"表示文档类型定义的结束。

如例 3-1 含有内部 DTD 的 XML 文档。

3.4.2　外部 DTD 的引用

如果 DTD 本身比较复杂,而且对于这一个 DTD 声明,它可以重复利用,此时,就可以将其定义在 XML 文档的外部,单独成为一个".dtd"类型文件。外部 DTD 的基本格式如下:

```
<?xml version="1.0" encoding="GB2312"?>
        ⋮
    元素、属性或实体的声明部分
        ⋮
```

如例 3-3 外部 DTD 文件(保存为 example3-3.dtd)所示。

【例 3-3】　外部 DTD 文件。

```
[1]    <?xml version="1.0" encoding="GB2312"?>
[2]    <!ENTITY content "某公司部分联系人信息">
       <!ELEMENT 联系人列表(说明,联系人)>
       <!ELEMENT 说明(#PCDATA)>
       <!ELEMENT 联系人(姓名,ID,公司,EMAIL,电话,地址)>
       <!ELEMENT 姓名(#PCDATA)>
       <!ELEMENT ID(#PCDATA)>
[3]    <!ELEMENT 公司(#PCDATA)>
       <!ELEMENT EMAIL(#PCDATA)>
       <!ELEMENT 电话(#PCDATA)>
       <!ELEMENT 地址(街道,城市,省份)>
       <!ELEMENT 街道(#PCDATA)>
       <!ELEMENT 城市(#PCDATA)>
       <!ELEMENT 省份(#PCDATA)>
[4]    <!ATTLIST 电话 类别 CDATA "固定电话">
```

其中,[1]为 xml 声明。DTD 也可以以 XML 声明开始,因为 DTD 是 XML 从 SGML 处继承来的一种验证机制,在 DTD 文件中使用 XML 声明后,即可将 XML 的 DTD 文件与 SGML 的 DTD 文件区分开来,说明相应的 DTD 文件是针对 XML 文档制定的,而不是基于 SGML 的 DTD 文件。[2]为 DTD 中的实体声明。[3]是 DTD 中的元素声明部分。[4]是 DTD 对属性的声明。

外部 DTD 文件根据其性质,又可以分为私有(或系统)DTD 文件和公共 DTD 文件两种。私有 DTD 文件指的是未被公开的,属于个人或组织私有的 DTD 文件;公共 DTD 文件指的是由国际上的某些标准组织为某一行业或领域所制定的标准的公开 DTD 文件。对于这两种外部 DTD 文件,在 XML 实例文档中有不同的引用方式。

1. 私有(系统)DTD 文件的引用

在 XML 实例文档中引用私有 DTD 文件的格式如下:

```
<!DOCTYPE Rootelementname SYSTEM "DTD_URL">
```

其中,"Rootelementname"为所引用的 DTD 文件中所定义的根元素的名称,该名称应该与 XML 实例文档的根元素的名称一致。"SYSTEM"是关键字,表明引用的是外部私有 DTD 文件,此关键字也必须大写。"DTD_URL"指能找到所引用的外部 DTD 文件的路径,实际应用中用具体的路径字符串代替,路径字符串包括在双引号中。此路径可以是相对路径,也可以是绝对路径。在实际应用中,应根据实际情况选择使用相对路径或绝对路径。

在 XML 实例文档中引用外部私有 DTD 文件(如 example3-3.dtd)如例 3-4 所示。

【例 3-4】　外部私有 DTD 文件的引用。

```
[1] <?xml version="1.0" encoding="GB2312" standalone="no"?>
[2] <!DOCTYPE 联系人列表 SYSTEM  "example3-3.dtd">
    <联系人列表>
        <说明>&content;</说明>
```

```
<联系人>
    <姓名>张三</姓名>
    <ID>001</ID>
    <公司>A 公司</公司>
    <EMAIL>zhang@ aaa.com</EMAIL>
    <电话 类别="固定电话">(010)62345678</电话>
    <地址>
        <街道>五街 1234 号</街道>
        <城市>北京市</城市>
        <省份>北京</省份>
    </地址>
</联系人>
</联系人列表>
```

其中,[1]为 XML 声明,声明部分的"standalone"属性的值应改为"no",表示该 XML
实例文档要依赖一个外部 DTD 文件对其进行有效性验证。[2]为 XML 实例文档对外部
私有 DTD 文件进行引用的语句。"example3-3.dtd"为能找到 DTD 文件的路径,此路径
是相对路径。如果该 DTD 文件不在本地机器上,就需要使用绝对路径,指定完整的地址
信息,包括主机名等。

2. 公共 DTD 文件的引用

在 XML 实例文档中引用公共 DTD 文件的格式如下:

```
<!DOCTYPE Rootelementname PUBLIC "publicIdentifier" "DTD_URL">
```

其中,"PUBLIC"是引用公共 DTD 文件的关键字,必须大写。"publicIdentifier"是公
共标识名。当使用"PUBLIC"关键字对 DTD 进行引用时,后面必须有公共标识名。公共
标识的命名规则和 XML 文件的命名规则稍有不同,公共标识名只能包含字母(非 DBCS
字符)、数字、空格及下面的字符:

```
_    %    $    #    @    (    )    +    :    =    /    !    *    ;    ?
```

公共标识名需要表明以下 4 项内容。

(1) 要表明出身:如果 DTD 是由 ISO 发布的标准 DTD,则公共标识名要以"ISO"字
符串开头;如果 DTD 是被改进的非 ISO 标准的 DTD,也就是说此 DTD 是由 ISO 以外的
标准组织发布的标准 DTD,那么公共标识名要以"＋"字符开头;如果 DTD 是未被改进的
非 ISO 标准的 DTD,也就是说此 DTD 不是由标准组织发布的,或者可能是个人所发布的
DTD,则公共标识名要以"_"字符开头。

(2) 要表明拥有者:第二部分内容应该包含一个表明 DTD 拥有者的字符串。

(3) 要表明主要内容:第三部分内容应该包含一个对 DTD 描述的信息字符串。

(4) 要表明所使用的语言:最后一部分内容要包含一个表明所使用的语言标志(英
语用 EN 说明,法文用 FR 说明,德文用 DE 说明,中文用 ZH 说明等),该语言标志必须是
由 ISO639 所定义过的标准标志。

以上 4 项内容必须用两个斜杠"//"符号进行分隔,且在公共标识名中出现的顺序不
能改变。

假设"example3-3.dtd"是由一个名叫 John 的人用中文写的关于联系人信息的公共
DTD,则对此 DTD 的引用见例 3-5 所示。

【例 3-5】　外部公共 DTD 文件的引用。

```
[1] <?xml version="1.0" encoding="GB2312" standalone="no"?>
[2] <!DOCTYPE 联系人列表 PUBLIC "-//John// Contact? Data//ZH"  "example3-3.
    dtd">
    <联系人列表>
        <说明>&content;</说明>
        <联系人>
            <姓名>张三</姓名>
            <ID>001</ID>
            <公司>A 公司</公司>
            <EMAIL>zhang@ aaa.com</EMAIL>
            <电话 类别="固定电话"> (010)62345678</电话>
            <地址>
                <街道>五街 1234 号</街道>
                <城市>北京市</城市>
                <省份>北京</省份>
            </地址>
        </联系人>
    </联系人列表>
```

其中[2]为 XML 实例文档引用外部公共 DTD 的语句,"-//John// Contact? Data//
ZH"是公共标识名。

3.4.3　既引用外部 DTD 又引用内部 DTD

如果既想引用外部 DTD 又想包含内部 DTD,可以使用如下格式:

```
<!DOCTYPE Rootelementname SYSTEM "DTD_URL"[
内部 DTD 对元素、属性等的声明信息
]>
```

或者

```
<!DOCTYPE Rootelementname PUBLIC "publicIdentifier" " DTD_URL "[
内部 DTD 对元素、属性等的声明信息
]>
```

3.5　实体的定义和使用

XML 中的实体机制是一种可以节省大量时间的工具,而且也是将多种不同类型的
数据插入 XML 文件的方法。实体就是包含了文档片段或者说部分文档内容的虚拟存储
单元,用来存储 XML 声明、DTD、各种元素或者其他形式的文本和二进制数据。在 XML
实例文档中可以通过实体名称来代替实体的具体内容。XML 处理器或其他 XML 应用
程序在分析实例文档时,将使用实体的具体内容来代替文档中的实体名称,组成一个完整

的文档。

3.5.1　实体分类

实体的分类方式有 3 种：即按照实体内容的位置分类、按照实体内容本身分类以及按照实体被使用的位置分类。

1. 按照实体内容的位置分类

按照实体内容的位置可将实体分为两类：

- 内部实体：实体所代表的内容和实体声明在同一个文档中，即实体的内容在声明中给出，内部实体是可析实体。
- 外部实体：实体所代表的内容在实体声明文档之外的文档中。

2. 按照实体内容本身分类

按照实体内容本身可以将实体分为两类：

- 可析实体：实体的内容是可解析的 XML 文本、字符、数据等。
- 不可析实体：实体的内容是 XML 处理器不能直接解析的，如图像、声音等二进制数据。不可析实体的内容是一种资源，每个不可析实体都应有一个相关联的用符号名称标识的符号（Notation）。

3. 按照实体被使用的位置分类

按照实体被使用的位置可将实体分为两类：

- 一般实体：实体只能在 XML 实例文档中被引用。
- 参数实体：实体只能在 DTD 中被引用，而且它肯定是一个可析实体。

下面就按照第三种分类方式，对一般实体和参数实体的定义和使用进行详细介绍。

3.5.2　一般实体的定义和使用

一般实体指的是那些只能在 XML 实例文档中使用的实体。一般实体的内容可以是内部的，也可以是外部的；可以是可析的，也可以是不可析的。

1. 内部一般实体的定义和使用

内部一般实体的作用类似于一般编程语言中的宏替换。内部一般实体只能在 XML 文档的内部定义和使用。

定义内部一般实体的格式如下：

```
<!ENTITY entityName "entityReplacementContent">
```

其中，entityName 为要定义实体的名字，entityReplacementContent 为实体的替换文本。当在 XML 实例文档中引用该实体时，将直接使用实体替换文本取代实体名称。

在 XML 文档中使用内部一般实体的格式如下：

```
&entityName;
```

其中，"&" 和 ";" 都是 ASCII 码，是半角字符。

例如在例 3-1 中对 content 实体的定义和使用：

```
<!ENTITY content "某公司部分联系人信息">
<说明>&content;</说明>
```

XML 解析器解析后将得到如下结果：

```
<说明>某公司部分联系人信息</说明>
```

2. 外部一般实体的定义和使用

外部一般实体是存在于 XML 文档之外的独立 XML 文档片段，可以是一个完整的 XML 实例文档。引用外部一般实体时须通过 URL 来定位该实体。

定义外部一般实体的格式如下：

```
<!ENTITY entityName SYSTEM "URL">
```

其中，SYSTEM 定义外部一般实体的关键字，必须大写，URL 是能够定位到该外部实体的地址。

在 XML 文档中使用外部实体的格式如下：

```
&entityName;
```

例如：

```
<!ENTITY address SYSTEM "address.txt">
```

其中，address.txt 中包含一个 XML 片段，如：

```
<街道>五街 1234 号</街道>
<城市>北京市</城市>
<省份>北京</省份>
```

则在 XML 文档中使用时，可以这样使用：

```
<地址>&address; </地址>
```

XML 解析器对文档解析后将得到以下结果：

```
<地址>
    <街道>五街 1234 号</街道>
    <城市>北京市</城市>
    <省份>北京</省份>
</地址>
```

3.5.3　参数实体的定义和使用

在 DTD 文档中使用的实体叫做参数实体。参数实体可以是内部的，也可以是外部的。这里的"内部"和"外部"是指相对于外部 DTD 文档而言的，并不是 XML 文档。

1. 内部参数实体的定义和使用

内部参数实体的定义格式如下：

```
<!ENTITY %entityName "entityReplacementContent">
```

内部参数实体的定义和内部一般实体的定义有所不同,在实体名前须添加一个"％"。使用内部参数实体的格式如下:

```
%entityName;
```

例如:

```
<!ENTITY  %  基本信息 "(姓名,性别,年龄)">
```

在 DTD 中就可以利用参数实体"基本信息"简化对元素的声明,如:

```
<!ELEMENT 经理 %基本信息;>
<!ELEMENT 业务员 %基本信息;>
<!ELEMENT 客户 %基本信息;>
```

则元素"经理"、"业务员"、"客户"均含有相同子元素"姓名"、"性别"和"年龄"。

2. 外部参数实体的定义和使用

在独立的 DTD 中,可以使用其他独立 DTD 文档中的定义,这就是外部参数实体的使用。外部参数实体的作用与外部一般实体的作用相似。

外部参数实体的定义格式如下:

```
<!ENTITY  %  entityName  SYSTEM  "URL">
```

使用外部参数实体和使用内部参数实体的格式相同,如下:

```
%entityName;
```

例如:

```
<!ENTITY %address SYSTEM "address.dtd">
%address;
```

文档 address.dtd 内容如下:

```
<?xml version="1.0" encoding="GB2312"?>
<!ENTITY %PD "(#PCDATA)">
<!ELEMENT 地址 (街道,城市,省份)
<!ELEMENT 街道 %PD;>
<!ELEMENT 城市 %PD;>
<!ELEMENT 省份 %PD;>
```

3.6 实训 用 DTD 验证 XML 文档的合法性

实训目的:
- 掌握 DTD 的基本语法。
- 掌握使用 DTD 验证 XML 实例文档有效性的方法。

实训内容:
写一个学生列表结构的 DTD 文档。

实训具体要求：

根据第 2 章实训要求写出一个学生列表结构的 DTD 文档，并对第 2 章中自己所写的 XML 文档进行有效性验证。

习题

一、选择题

1. (　　)是正确的参数实体的定义。

    A. `<!ENTITY %电话 "(移动电话,固定电话)">`

    B. `<!ENTITY %电话 (移动电话,固定电话)>`

    C. `<!ENTITY 电话 "(移动电话,固定电话)">`

    D. `<!ENTITY %电话 "(移动电话,固定电话)">`

2. 假设"地址"元素的"国家"属性能取的值包括"中国"、"日本"和"韩国"，默认值为"中国"。则下面的声明中，能实现对此"国家"属性的声明的是(　　)。

    A. `<!ATTLIST 地址 国家 ENUMERATED("中国"|"韩国"|"日本")"中国">`

    B. `<!ATTLIST 地址 国家 ("中国"|"韩国"|"日本")"中国">`

    C. `<!ATTLIST 地址 国家 (中国|韩国|日本)"中国">`

    D. `<!ATTLIST 地址 国家 (中国|韩国|日本)"中国">`

二、填空题

1. 外部参数实体是指在独立的_____文档的外部定义的实体。

2. 在引用外部公共 DTD 时必须包括一个公共标识名。公共标识名应包括四个信息内容，分别是_____、_____、_____、_____。

三、简答题

现有如下的 DTD 定义：

```
<!ELEMENT 联系人(姓名,(电话|EMAIL))>
<!ELEMENT 姓名(#PCDATA)>
<!ELEMENT 电话(#PCDATA)>
<!ELEMENT EMAIL(#PCDATA)>
```

请根据这个 DTD 的定义，写出一个有效的 XML 实例文档。

第 4 章

命 名 空 间

本章目标

- 理解为什么需要命名空间；
- 掌握 XML 命名空间的声明；
- 掌握默认命名空间的声明；
- 理解命名空间与 DTD 的关系。

在 XML 的实际应用中，人们常常为不同的行业和领域利用 XML 元置标语言制定不同的语言标准。针对不同的应用方向，每当设计一个 XML 的 DTD 时，一种新的置标语言便随之诞生。

在各种各样 XML 实例置标语言如雨后春笋般不断涌现的过程中，将会产生这样一种应用需求，即在一个 XML 文档中，包含由多个 DTD 描述的元素。这样显然是实现了"物尽其用"，让我们最大限度地利用了现有的资源。

但是，随之而来的是在一个 XML 文档中可能会出现元素名称冲突的问题。因此，为了解决元素名称的冲突，W3C 的 XML 小组制定了被称为命名空间（NameSpace）的标准。

4.1 为什么需要命名空间

在第 3 章已经介绍了如何来定义一个 DTD 文档。一个 DTD 文档的创建就意味着一种新的置标语言的诞生。也就是说这个 DTD 决定了 XML 文档的结构。

那么，如果在一个 XML 文档中出现了相同的元素名而具有不相同的内容结构，这时 DTD 就根本不知道怎么来解析了，也就是我们通常所说的元素名的冲突。例 4-1 所示的 XML 文档中的<电话>元素就出现了名字冲突的问题。

【例 4-1】 存在名字冲突的 XML 文档。

```
<联系人列表>
<联系人>
    <姓名>张三</姓名>
    <ID>001</ID>
```

```
<公司>A公司</公司>
<EMAIL>zhang@ aaa.com</EMAIL>
<电话> (010)62345678</电话>
<地址>
    <街道>五街1234号</街道>
    <城市>北京市</城市>
    <省份>北京</省份>
</地址>
<直接上级>
    <姓名>王五</姓名>
    <电话>
        <秘书电话> (010)62345678</秘书电话>
        <手机>13601234567</手机>
    </电话>
</直接上级>
</联系人>
</联系人列表>
```

说明:

① 在＜电话＞(010)62345678＜/电话＞中的＜电话＞元素的内容是纯文本型,即其相应的 DTD 定义应该为:＜!ELEMENT 电话 ♯PCDATA＞。

② ＜电话＞＜秘书电话＞(010)62345678＜/秘书电话＞＜手机＞13601234567＜/手机＞＜/电话＞中的＜电话＞元素内容则不是纯文本型,而是包含两个子元素＜秘书电话＞和＜手机＞。即其相应的 DTD 定义应该为:

```
<!ELEMENT 电话 (秘书电话,手机)>
<!ELEMENT 秘书电话 #PCDATA>
<!ELEMENT 手机 #PCDATA>
```

所以,本章所介绍的命名空间就是为了解决名字冲突而制定的。

那么,命名空间是如何解决名字冲突这一问题的呢?

命名空间使用"前缀法"来解决名称冲突的问题。即在元素或属性原来的名字前加上不同的前缀,使元素或属性工作在不同的空间下,从而避免了名字冲突的问题。这就如同在一个学校里两个不同班级的同名学生一样,因为它们在不同的班级中,所以不互为冲突。

通常"前缀法"也被叫做"两段式命名法"。其中,第一段是代表特定命名空间的"命名空间前缀",第二段是元素或属性原来的名字,两段之间用冒号":"分开。

例 4-2 所示的 XML 文档就没有名字冲突的问题了。

【例 4-2】 使用前缀法解决名字冲突的 XML 文档。

```
<x:联系人列表>
<x:联系人>
    <x:姓名>张三</x:姓名>
    <x:ID>001</x:ID>
    <x:公司>A公司</x:公司>
    <x:EMAIL>zhang@ aaa.com</x:EMAIL>
```

```
  <x:电话>(010)62345678</x:电话>
  <x:地址>
    <x:街道>五街 1234 号</x:街道>
    <x:城市>北京市</x:城市>
    <x:省份>北京</x:省份>
  </x:地址>
  <x:直接上级>
    <y:姓名>王五</y:姓名>
    <y:电话>
      <y:秘书电话>(010)62345678</y:秘书电话>
      <y:手机>13601234567</y:手机>
    </y:电话>
  </x:直接上级>
  </x:联系人>
</x:联系人列表>
```

4.2   XML 的命名空间

在前面已经讲解了使用命名空间来解决名字冲突的原理,那么,XML 命名空间究竟是怎样来实现的呢?

其实,XML 命名空间实现的原理和前面所讲的是一回事,只是 XML 命名空间的前缀使用的是统一资源识别器(URI)的形式来表示而已。

在这里,可能有人会感觉不容易理解。其实使用命名空间的实质就是为了解决名字冲突的问题,所以,XML 命名空间使用 URI 来表示前缀,目的就是做到万无一失。因为 URI 是使用网络域名的形式来表示的,而在世界上网络域名是唯一的,这样就保证了所使用的前缀在世界上是唯一的,从而也就能保证所使用的命名空间的前缀在世界上也是独一无二的。

例 4-3 所示的 XML 文档采用了 URI 形式作为前缀解决了名字冲突的问题。

【例 4-3】 使用 URI 形式作为前缀来解决名字冲突的 XML 文档。

```
<http://www.ibm.com:联系人列表>
<http://www.ibm.com:联系人>
  <http://www.ibm.com:姓名>张三</http://www.ibm.com:姓名>
  <http://www.ibm.com:ID>001</http://www.ibm.com:ID>
  <http://www.ibm.com:公司>A 公司</http://www.ibm.com:公司>
  <http://www.ibm.com:EMAIL>zhang@ aaa.com</http://www.ibm.com:EMAIL>
  <http://www.ibm.com:电话>(010)62345678</http://www.ibm.com:电话>
  <http://www.ibm.com:地址>
    <http://www.ibm.com:街道>五街 1234 号</http://www.ibm.com:街道>
    <http://www.ibm.com:城市>北京市</http://www.ibm.com:城市>
    <http://www.ibm.com:省份>北京</http://www.ibm.com:省份>
  </http://www.ibm.com:地址>
  <http://www.ibm.com:直接上级>
    <http://www.sun.com:姓名>王五</http://www.sun.com:姓名>
    <http://www.sun.com:电话>
```

```
    <http://www.sun.com:秘书电话>(010)62345678</http://www.sun.com:秘书电话>
    <http://www.sun.com:手机>13601234567</http://www.sun.com:手机>
  </http://www.sun.com:电话>
 </http://www.ibm.com:直接上级>
</http://www.ibm.com:联系人>
</http://www.ibm.com:联系人列表>
```

4.2.1　XML 命名空间的声明

前面讲解了 XML 命名空间解决 XML 名字冲突的原理,但是通过例 4-3 所示的 XML 文档来看,那样虽然是解决了 XML 名字的冲突问题,但让人觉得实现起来不仅大大地加大了 XML 文档的代码量,并且也太繁琐。

因此,XML 的命名空间在使用时并不是直接将 URI 地址作为前缀出现的,而是通过 XML 的 xmlns 属性对命名空间进行声明,即将 URI 地址声明给某个变量,在 XML 文档中就以该变量作为前缀,从而间接地实现了使用 URI 作为前缀的功能。

1. XML 命名空间的声明语法

XML 命名空间的声明语法如下:

```
<namespace-prefix:元素名 xmlns:namespace-prefix="namespaceURI">
```

其中:

- namespace-prefix 指的就是前缀(变量)。
- namespaceURI 指的就是 URI 地址。

在元素的起始标签中定义一个命名空间时,所有包含相同前缀的子元素都与相同的名称空间相匹配,如例 4-4 所示。

【例 4-4】　XML 命名空间的声明。

```
<IBM:联系人列表 xmlns:IBM="http://www.ibm.com"
                xmlns:SUN="http://www.sun.com">
   <IBM:联系人>
      <IBM:姓名>张三</IBM:姓名>
      <IBM:ID>001</IBM:ID>
      <IBM:公司>A公司</IBM:公司>
      <IBM:EMAIL>zhang@ aaa.com</IBM:EMAIL>
      <IBM:电话>(010)62345678</IBM:电话>
      <IBM:地址>
         <IBM:街道>五街1234号</IBM:街道>
         <IBM:城市>北京市</IBM:城市>
         <IBM:省份>北京</IBM:省份>
      </IBM:地址>
      <IBM:直接上级>
         <SUN:姓名>王五</SUN:姓名>
         <SUN:电话>
            <SUN:秘书电话>(010)62345678</SUN:秘书电话>
            <SUN:手机>13601234567</SUN:手机>
         </SUN:电话>
      </IBM:直接上级>
```

```
    </IBM: 联系人>
</IBM: 联系人列表>
```

2. 合法名称（QName）

在 XML 命名空间规定中，引入了命名空间的合法元素、合法属性名称都有一个新的名称——合法名称（QName）。

合法名称的形式是：

前缀部分：本地部分

其中，"前缀部分"和"本地部分"都要求是一个合法的 XML 名称。

前缀部分必须是一个已经经过声明的命名空间前缀，语法分析器将把它与命名空间声明中的 URI 引用相关联；本地部分则是在 DTD 或 Schema 中定义的元素和属性名。

如在例 4-5 中的"IBM：姓名"就是一个合法名称。

此外，由于命名空间的声明方式有直接方式和默认方式两种，合法名称也稍有变化。由于默认方式声明的命名空间就是作用域内的默认命名空间，因此，在这个作用域内使用该命名空间的元素、属性的合法名称无须再写前缀部分。这样一来，元素的合法名称看上去和我们前面常用的元素名是一致的。由此可见，我们一直在使用"合法名称"，只不过没有意识到罢了。

4.2.2　默认 XML 命名空间的声明

默认 XML 命名空间，指的就是在用 xmlns 属性声明命名空间时，不指定前缀。在 XML 文档中，没有出现前缀的元素或者属性就默认遵循此默认命名空间。具体如例 4-5 所示。

【例 4-5】　默认 XML 命名空间的声明。

```
<IBM: 联系人列表 xmlns: IBM="http://www.ibm.com" xmlns="http://www.sun.com" >
    <IBM: 联系人>
        <IBM: 姓名>张三</IBM: 姓名>
        <IBM: ID>001</IBM: ID>
        <IBM: 公司>A 公司</IBM: 公司>
        <IBM: EMAIL>zhang@ aaa.com</IBM: EMAIL>
        <IBM: 电话>(010)62345678</IBM: 电话>
        <IBM: 地址>
            <IBM: 街道>五街 1234 号</IBM: 街道>
            <IBM: 城市>北京市</IBM: 城市>
            <IBM: 省份>北京</IBM: 省份>
        </IBM: 地址>
        <IBM: 直接上级>
            <姓名>王五</姓名>
            <电话>
                <秘书电话>(010)62345678</秘书电话>
                <手机>13601234567</手机>
            </电话>
        </IBM: 直接上级>
    </IBM: 联系人>
```

```
</IBM:联系人列表>
```

在例 4-5 中,xmlns＝"http：//www.sun.com"声明了一个默认命名空间,只要是在 XML 文档中没有前缀的元素或属性都属于该空间,如例 4-5 中的＜直接上级＞元素的子元素＜姓名＞和＜电话＞及其子元素＜秘书电话＞、＜手机＞都属于该默认的命名空间。

4.2.3　XML 命名空间作用于属性

前面都是基于 XML 文档中的元素所举的例子,并不是说 XML 命名空间就只能作用于元素,而不能作用于 XML 文档中的属性。其实 XML 命名空间同样也能作用于属性,如例 4-6 所示。

【例 4-6】　XML 命名空间作用于属性。

```
<联系人 xmlns:企业经理="http://zju.edu.cn/联系人列表.dtd">
    <姓名 企业经理:文种="中文">李华</姓名>
    <电话 企业经理:城市="北京">62348765</电话>
</联系人>
```

但是,当 XML 命名空间作用于属性时,不能包含这样的两个属性:

- 属性名完全相同。
- 属性的本地部分完全相同,并且其前缀被绑定到相同的命名空间。

如例 4-7 所示的 XML 命名空间作用于属性是不允许的。

【例 4-7】　错误的 XML 命名空间作用于属性。

```
<联系人 xmlns:企业经理="http://zju.edu.cn/联系人列表.dtd"
        xmlns:部门经理="http://zju.edu.cn/联系人列表.dtd">
    <姓名 企业经理:文种 ="中文"  企业经理:文种 ="中文">李华</姓名>
    <姓名 企业经理:文种 ="中文"  部门经理:文种 ="中文">王莹</姓名>
</联系人>
```

4.3　DTD 与命令空间

在前面讨论命名空间中,一直没有提到命名空间与 DTD 的关系。不错,命名空间与 DTD 之间确有牵连,而且正是这个牵连使命名空间的标准备受攻击。

其实,在命名空间声明中,等号右边的命名空间名虽说要求是一个 URI,但其目的并不是要直接获取一个 Schema 或 DTD 文件,而在于标识特定的命名空间。也就是说,语法分析器看到一个命名空间声明后,就把等号左边的命名空间前缀和右边的命名空间名绑定在一起,对于后面使用了该前缀的合法名称,都看做是这个命名空间中的。但是,等到语法分析器进行有效性检测时,它不是把这个命名空间映射到 URI 所指的 Schema 文件或 DTD 文件,而是去找所有在 DOCTYPE 中声明的内部和外部的 DTD 或 Schema,看哪一个命名空间与文件中用到的命名空间相同。即,如果要使一个使用了命名空间的 XML 文档成为合法有效的文档,那么其相应的 DTD 也应该用到命名空间(实质上就是把加了前缀的元素或属性看做是一个整体来定义相应的 DTD)。如例 4-8 就是使例 4-4 所示的 XML 文档成为合法有效的 DTD 定义。

【例 4-8】 使例 4-4 所示的 XML 文档成为合法有效的 DTD 定义。

```
<!ELEMENT IBM:联系人列表(IBM:联系人)>
<!ATTLIST IBM:联系人列表
    xmlns:IBM CDATA #REQUIRED
    xmlns:SUN CDATA #REQUIRED>

<!ELEMENT IBM:联系人(IBM:姓名, IBM:ID, IBM:公司, IBM:EMAIL, IBM:电话, IBM:地
址, IBM:直接上级)>

<!ELEMENT IBM:姓名(#PCDATA)>
<!ELEMENT IBM:ID(#PCDATA)>
<!ELEMENT IBM:公司(#PCDATA)>
<!ELEMENT IBM:EMAIL(#PCDATA)>
<!ELEMENT IBM:电话(#PCDATA)>
<!ELEMENT IBM:地址(IBM:街道, IBM:城市, IBM:省份)>
    <!ELEMENT IBM:街道(#PCDATA)>
    <!ELEMENT IBM:城市(#PCDATA)>
    <!ELEMENT IBM:省份(#PCDATA)>

<!ELEMENT IBM:直接上级(SUN:姓名, SUN:电话)>
    <!ELEMENT SUN:姓名(#PCDATA)>
    <!ELEMENT SUN:电话(SUN:秘书电话, SUN:手机)>
        <!ELEMENT SUN:秘书电话(#PCDATA)>
        <!ELEMENT SUN:手机(#PCDATA)>
```

　　本来命名空间的作用是为了方便地解决命名冲突问题,但经过上面的分析,我们发现问题的解决方法似乎并不尽如人意。

　　现在,对于每一个原始的 DTD,都要有两个版本:一个没有定义命名空间,元素的定义中也没有加上命名空间前缀,以供默认方式下的元素使用;另一个定义了命名空间,而且这个命名空间名需要与 XML 文件中的命名空间名一致,留给非默认方式的元素使用。

　　于是可以发现命名空间标准虽然已经推出,但由于先天不足,现在仍旧争议不断,应用开发也受到了限制。

习题

一、选择题

1. 命名空间通过在元素前增加一个独特的标识符来标识元素的唯一性,这个标识符采用(　　)形式来进行表示。

　　A. URL　　　　　　　　B. URN　　　　　　　　C. URI　　　　　　　　D. xmlns

2. 下面(　　)名称是合法名称(QName)。

　　A. 名称:次名称　　　　B. abc　　　　　　　　C. :abc　　　　　　　　D. p:6abc

二、简答题

1. 在 XML 中为什么要使用命名空间?

2. 在 XML 中怎样声明命名空间?

第 5 章

XML Schema

本章目标

- 了解模式的基本概念；
- 掌握元素声明；
- 掌握属性声明；
- 掌握类型定义及派生。
  - ➢ 简单类型
  - ➢ 复杂类型

XML 是一种元置标语言,通过它可以定义新的置标语言。新置标语言的标记(词汇)除了用 DTD 定义外,还可使用 XML 模式(XML Schema)来定义。模式可以确定 XML 文档的元素和属性的结构、元素的顺序、元素和属性的数据值、取值范围、枚举以及样式匹配等。

其实,XML Schema 本身就是 XML 的一个应用,它完全符合 XML 的语法规范,是一个格式良好的 XML 文档。

5.1 模式简介

模式(Schema)这个词本意是图解、计划或框架。在 XML 中,模式是指描述 XML 文档的文档。通过模式可以确定 XML 文档的元素和属性的结构、元素的顺序、元素和属性的数据值、取值范围、枚举以及样式匹配等。

现在主要的模式语言除了文档类型定义(DTD)以外,还有 W3C 的 XML Schema、OASIS 技术委员会开发的 RELAX NG 等。

模式的用途主要包括：

- 数据确认(通过模式预定义好的规则来验证 XML 文档的有效性)；
- 交易双方的合约(模式清楚说明了文档结构的规则及要求,可作为交易双方共同遵守的一个约定)；
- 系统文档(模式可以为 XML 实例中的数据提供文档)；

- 数据扩充（模式为元素和属性插入默认和固定的值，并根据数据类型规范化空白空间）；
- 应用程序信息（模式提供了一种方式来为应用程序提供数据的附加信息，如可以包含一些关于如何把产品元素实例映射到数据库表的信息，并且允许应用程序使用这些信息来自动更新带有该数据的特定的表）。

进行模式的设计时应保证以下目标：

- 准确性和精确性（模式应能准确地描述 XML 实例，并且能够确保该实例的有效性）；
- 明晰性（模式应该非常清晰，允许读者直观地理解被描述实例的结构和特征）；
- 广泛适用性（要使创建的模式有更广泛的适用性：可重用性和扩展性）。

5.1.1　XML Schema 介绍

W3C 于 1998 年开始制定 XML Schema，并于 2001 年 5 月 2 日正式确定 XML Schema 的第一个版本。从此 XML Schema 成为 W3C 官方推荐的标准。

XML Schema 以 XML 语言为基础，也可以说 XML Schema 自身就是 XML 的一种应用。XML Schema 语言也被称为 XML Schema Definition(XSD)，它的作用是定义一份 XML 文档的合法组件群（XML 文档的结构），就像 DTD 的作用一样。

一份 XML Schema 可以实现：

- 定义可以出现在文档里的元素；
- 定义可以出现在文档里的属性；
- 定义哪些元素是子元素；
- 定义子元素的顺序；
- 定义子元素的数量；
- 定义一个元素是否能包含文本，或应该是空的；
- 定义元素和属性的数据类型；
- 定义元素和属性的默认值和固定值。

5.1.2　为何使用 XML Schema

现在已经知道了 XML Schema 和 DTD 的作用一样，都是用来定义一个 XML 文档的结构的模式，那么为什么有了 DTD 还要有 XML Schema 呢？因为，XML Schema 比 DTD 作用更加强大。

（1）XML Schema 支持数据类型

支持数据类型所带来的好处有：

- 更易于描述被允许的文档内容。
- 更易于检验数据的正确性。
- 更易于与数据库中的数据一起协同工作。
- 更易于定义数据的使用面（关于数据的限制）。
- 更易于定义数据样式（数据格式）。
- 更易于把数据转换成不同的数据类型。

（2）XML Schema 使用 XML 的语法

用 XML 编写的好处是：

- 可以不需要再学一种新语言。
- 可以用 XML 编辑器编辑 Schema 文件。
- 可以用 XML 解析器解析 Schema 文件。
- 可以用 XML DOM 处理 Schema。
- 可以用 XSLT 转换 Schema。

（3）XML Schema 是可扩展的

因为 XML Schema 文件是由 XML 编写的，所以它们是可扩展的。Schema 可扩展意味着你可以：

- 在别的 Schema 文件里再次用到你的 Schema。
- 从标准的数据类型中派生出你自己的数据类型。
- 在相同的文档中参考多种 Schema。

（4）XML Schema 安全数据通信

当数据从发送者传向接受者时，双方对"数据内容理解的一致性"就显得非常重要了。

比如，像这样格式的日期："03-11-2004"，一些国家会解释成 11 月 3 日，而有些国家会解释成 3 月 11 日，如果没有另加说明，则这个日期将产生二意性。

而在 XML Schema 里，发送者可以用接受者能够理解的方式来描述数据。比如，一个 XML 元素：＜date type＝"date"＞2004-03-11＜/date＞，就确保了双方都能理解其内容，因为 XML 数据类型的 date 规定了日期的格式为：YYYY-MM-DD。

5.2　如何制定 XML Schema Definition（XSD）

XML 文档能和一份 DTD 或 XML Schema 文件相关联，也就是说，一个 XML 文档可以通过 DTD 或 XML Schema 来描述自身的文档结构。下面讲述如何来制定一份 XML Schema 文件。

现在，假设要描述的 User.xml 文档的结构如下：

```
<?xml version="1.0"? >
<用户列表>
    <用户>
        <用户名>xx</用户名>
        <密码>123456</密码>
        <用户类型>1</用户类型>
    </用户>
</用户列表>
```

如果采用 DTD 模式来描述 User.xml 文档，则相应的 DTD 定义如 user.dtd 所示，它定义了 User.xml 文档的元素。

以下为 user.dtd 的内容：

```
<!ELEMENT 用户列表 (用户)>
<!ELEMENT 用户 (用户名,密码,用户类型)>
```

```
<!ELEMENT 用户名(#PCDATA)>
<!ELEMENT 密码(#PCDATA)>
<!ELEMENT 用户类型(#PCDATA)>
```

该 DTD 的第 1 行定义了含有一个<用户>子元素的<用户列表>元素。第 2 行定义了<用户>元素包含三个子元素：<用户名>、<密码>、<用户类型>。第 3～5 行定义了<用户名>、<密码>、<用户类型>三个元素的类型为"♯PCDATA"，也就是规定了这三个元素在 XML 文档里的内容只能为纯文本。

接下来将采用 XML Schema 来定义 User.xml 文档中的元素。

5.2.1　全局组件与命名类型

在 XML Schema 定义中，所有的定义都出现在 XML Schema 文档的根元素<schema>中。全局组件指的是所有的 XML Schema 定义组件以命名类型的形式直接成为根元素<schema>的子元素。

那么，采用全局组件形式来定义上面的 User.xml 文档的 XSD 如 user.xsd 所示：

以下为 user.xsd 文件的内容：

```
<?xml version="1.0" encoding="GB2312"?>
<xs: schema xmlns: xs="http://www.w3.org/2001/XMLSchema"
    elementFormDefault="qualified" attributeFormDefault="unqualified">
    <xs: element name="用户列表" type="userlist"/>   <!--① -->
    <xs: complexType name="userlist">      <!--② -->
        <xs: sequence>
            <xs: element name="用户" type="user"/>
        </xs: sequence>
    </xs: complexType>
    <xs: complexType name="user">   <!--③ -->
        <xs: sequence>
            <xs: element name="用户名" type="xs: string"/>
            <xs: element name="密码" type="xs: string"/>
            <xs: element name="用户类型" type="xs: integer"/>
        </xs: sequence>
    </xs: complexType>
</xs: schema>
```

在这个文件中，①、②、③处都是以全局组件命名类型的形式进行定义的，因为这三个组件不仅具有 name 属性，而且直接成为根元素<schema>的子元素。这样在整个文档中，任何位置都可以通过全局组件 name 属性值进行调用，也就是全局组件在整个文档中有效，有点类似于程序语言中的全局变量。

5.2.2　局部组件与匿名类型

局部组件局限在包含它们的定义或声明的作用域内。以下就是对前面 User.xml 文档以局部形式进行定义的 XML Schema 文件。

```
<?xml version="1.0" encoding="GB2312"?>
<xs: schema xmlns: xs="http://www.w3.org/2001/XMLSchema">
    <xs: element name="用户列表">
```

```
            <xs: complexType>    <!--① -->
                <xs: sequence>
                    <xs: element name="用户">
                        <xs: complexType>    <!--② -->
                            <xs: sequence>
                              <xs: element name="用户名" type="xs: string"/>
                              <xs: element name="密码" type="xs: string"/>
                              <xs: element name="用户类型" type="xs: integer"/>
                            </xs: sequence>
                        </xs: complexType>
                    </xs: element>
                </xs: sequence>
            </xs: complexType>
        </xs: element>
    </xs: schema>
```

在这个文件中的①、②处就是一个局部组件。这时①、②不再是整个文档都有效了，而只是在定义它的范围内才有效，另外它们也没有了 name 属性，这就是所谓的匿名类型。

5.2.3　XML 文档如何引用 XML Schema 文件

当一个模式文件建立好以后，可以用它来验证某一个 XML 文档的有效性，也就是说检验某个 XML 文档是否遵循了模式文件的定义。

1. XML 文档引用 DTD 模式

XML 文档引用 DTD 可以采用 SYSTEM 和 PUBLIC 方式实现（参见第 3 章）。

于是本例中就可以这样来实现了：

```
<?xml version="1.0" encoding="GB2312">
<!DOCTYPE 用户列表   SYSTEM "usder.dtd">
<用户列表>
    <用户>
        <用户名>xx</用户名>
        <密码>123456</密码>
        <用户类型>1</用户类型>
    <用户>
</用户列表>
```

2. XML 文档引用 XML Schema 模式

在 XML 文档中引用 XML Schema 模式是在根元素上实现的，如本例中 User. xml 引用 user. xsd 文件的方法如下：

```
<?xml version="1.0" encoding="GB2312" ?>
< 用 户 列 表  xmlns: xsi = http://www. w3. org/2001/XMLSchema - instance  xsi:
            noNamespaceSchemaLocation="user.xsd">
    <用户>
        <用户名>xx</用户名>
        <密码>123456</密码>
```

```
        <用户类型>1</用户类型>
      </用户>
</用户列表>
```

通过本小节的学习,了解了 XML schema 的定义结构以及在 XML 文档中引用 XML schema 文件的过程。接下来详细地学习 XML schema。

在 XML schema 中,根据元素的内容,可以分为两种类型,即简单类型(<simpleType>)和复杂类型(<complexType>)。

其中,具有简单类型的元素具有字符数据内容,而且没有子元素和属性;具有复杂类型的元素可以有子元素和属性。也就是说,在定义元素的子元素或属性时要以复杂类型的形式来定义,使用<complexType>元素;当定义元素的内容为字符数据时,则用简单类型的形式来定义,使用<simpleType>元素。

5.3   XML Schema 元素的声明

元素声明的作用在于给元素指定元素名和数据类型,在 XML Schema 中使用<element>元素来实现,其格式为:

```
<element  name="名字参数"
          type="类型参数"
          default="默认值"
          fixed="固定值"
          minOccurs="最少出现次数"
          maxOccurs="最多出现次数"
          ref="一个已经以全局形式声明的元素">
```

例如:

```
<xs: element name="姓名"  type="xs: string" dafault="Luo_sir"/>
```

定义了一个名为姓名的元素,该元素的内容为字符内容,默认值为"Luo_sir"。

注意:

- minOccurs、maxOccurs 属性用于控制元素的出现个数,不能实现精确控制元素的个数,默认值都为 1,其中 maxOccurs 的值可以为 unbounded,表示正无穷。
- minOccurs、maxOccurs 只能在局部元素声明或元素引用中使用。
- default 和 fixed 两个属性不能同时出现。

5.3.1   全局元素声明

在 5.2 节中已经讲解了全局组件与局部组件的区别,这里不再详述。这里的全局元素指的就是以全局组件的形式来声明一个元素,即<element>元素的父元素必须是<schema>,如例 5-1 所示。

【例 5-1】   全局元素声明。

```
<?xml version="1.0" encoding="GB2312" ?>
<xs: schema xmlns: xs="http://www.w3.org/2001/XMLSchema">
```

```
    <xs: element name="用户" type="user" />
    <xs: element name="用户名" type="xs: string" />
    <xs: element name="密码" type="xs: string" />
    <xs: complexType name="user">
        <xs: sequence>
            <xs: element ref="用户名"  minOccurs="0"  maxOccurs="1" />
            <xs: element ref="密码"  minOccurs="0"  maxOccurs="1" />
        </xs: sequence>
    </xs: complexType>
</xs: schema>
```

例 5-1 的 schema 声明了用户、用户名、密码三个元素,这三个元素是以全局组件的形式来声明的,因为它们的直接父元素就是<schema>。也就是说这三个元素在整个文档中有效,所以可以在任何位置引用,如例 5-1 中的名为 user 的 complexType 组件中就引用了已经声明了的用户名和密码两个元素。所以不难看出例 5-1 的 Schema 所描述的 XML 文档结构为例 5-2 所示的 XML 结构。

【例 5-2】　例 5-1 的 Schema 所描述的 XML 文档结构。

```
<? xml version="1.0" encoding="GB2312" ?>
<用户>
    <用户名/>
    <密码/>
</用户>
```

5.3.2　局部元素声明

局部元素声明只能出现在复杂类型(<complexType>元素)定义内部。即<element>元素的父元素只能是<all>、<choice>或<sequence>元素。

局部元素声明只在该数据类型定义中使用,而不能被其他复杂类型引用,如例 5-3 所示。

【例 5-3】　局部元素声明。

```
<? xml version="1.0" encoding="GB2312" ?>
<xs: schema xmlns: xs="http://www.w3.org/2001/XMLSchema">
    <xs: element name="用户" type="user" />
    <xs: complexType name="user">
        <xs: sequence>
            <xs: element name="用户名" type="xs: string" />
            <xs: element name="密码" type="xs: string" />
        </xs: sequence>
    </xs: complexType>
</xs: schema>
```

例 5-3 所表示的 schema 同样也能实现例 5-2 所示的 XML 文档结构。只不过在例 5-3 中的"用户名"和"密码"元素是以局部元素的形式声明的,它们两个的作用范围只局限在一个<complexType>之中,不能被其他元素通过 ref 属性来引用。

5.3.3　元素声明的数据类型

不管元素是局部的还是全局的,所有元素声明都需要将元素类型名称关联到数据类型上,它们可以是简单类型,也可以是复杂类型。

在 XML Schema 中有 3 种方法将数据类型关联到元素类型名称上。

- 引用命名数据类型;
- 以匿名形式定义数据类型;
- ANY 型元素。

不指定 type,也不指定＜simpleType＞和＜complexType＞元素。即,为 ANY 类型的元素可以有任何子元素、纯字符、属性。

【例 5-4】　元素类型的关联。

```
<?xml version="1.0" encoding="GB2312" ?>
<xs: schema xmlns: xs="http://www.w3.org/2001/XMLSchema">
    <xs: element name="用户">
        <xs: complexType>
            <xs: sequence>
                <xs: element name="用户名" type="xs: string" />
                <xs: element name="密码" type="password" />
            </xs: sequence>
        </xs: complexType>
    </xs: element>

    <xs: simpleType name="password">
        <xs: restriction base="xs: string">
            <xs: minLength value="6" />
            <xs: maxLength value="12" />
        </xs: restriction>
    </xs: simpleType>
</xs: schema>
```

在例 5-4 中,"用户名"和"密码"两个元素声明使用了 type 属性来指定了一个命名数据类型,而且"用户名"元素声明的数据类型是系统内置的类型 string,"密码"元素声明的数据类型是一个自定义的 password 类型。对于内置的系统数据类型使用命名空间前缀"xs"是因为内容类型是 XML Schema 命名空间的一部分。

而例 5-4 中的"用户"元素声明使用了内嵌匿名复杂类型,该数据类型完全在"用户"元素声明内部进行定义。

例 5-5 解释了 ANY 型的数据类型的自由。

【例 5-5】　ANY 型的数据类型。

```
<?xml version="1.0" encoding="GB2312"?>
<xs: schema xmlns: xs="http://www.w3.org/2001/XMLSchema">
    <xs: element name="我的内容自由"/>
    <xs: element name="元素一" type="xs: string"/>
    <xs: element name="元素二" type="xs: integer"/>
</xs: schema>
```

根据例 5-5 所示的 schema 所知,在"我的内容自由"元素声明时不仅没有用 type 属性来为其指定数据类型,而且也没有为其用匿名形式定义数据类型,所以"我的内容自由"元素的数据类型就为 ANY 类型。因此,例 5-6 所示的 XML 片段相对该 schema 来说都是合法有效的。

【例 5-6】　ANY 型数据类型的结构。

```
① <我的内容自由></我的内容自由>
② <我的内容自由>xyz</我的内容自由>
③ <我的内容自由><元素一>abcd</元素一></我的内容自由>
④ <我的内容自由><元素二>1</元素二></我的内容自由>
⑤ <我的内容自由>
        <元素一>abc</元素一>
        <元素二>1</元素二>
        <元素二>1</元素二>
        <元素一>xyz</元素一>
        <元素一>123456</元素一>
   </我的内容自由>
```

5.3.4　元素默认值和固定值

默认值和固定值是用给空元素增加值的方式来扩展 XML 实例。如果元素内容是空的,则模式处理器会自动插入默认值或固定值;而如果元素在实例中没有出现,那么就不会插入相应的元素和值。

在元素声明时,采用 element 元素中的 default 属性来定义元素的默认值,用 fixed 属性来定义元素的固定值。在下面的例子中,为"color"元素定义了一个默认值为"red";为"name"元素定义了一个固定值为"Luo_sir"。

```
<xs: element name="color" type="xs: string" default="red"/>
<xs: element name="name" type="xs: string" fixed="Luo_sir"/>
```

这里的"color"和"name"元素为空时,模式处理器就会自动为它们插入相应的默认值或固定值。但如果在 XML 实例中"color"元素不为空时,那么它的默认值将无效;而"name"元素则不同,它表明不管"name"元素是否为空,都只能取一个固定值,也就是说"name"元素中的固定值将一直有效。

5.4　XML Schema 属性的声明

属性声明的作用在于给属性指定名称和数据类型,在 XML Schema 中使用＜attribute＞元素来实现,其格式为:

```
<attribute  name="名字参数"
            type="类型参数"
            default="默认值"
            fixed="固定值"
            use="optional|prohibited|required"
            ref="一个已经以全局形式声明的属性">
```

在 XML Schema 中,通过 attribute 元素来声明一个属性。属性的声明和元素的声明很相似,也可以分为全局和局部声明,如例 5-7 所示。

【例 5-7】 属性声明。

```
<?xml version="1.0" encoding="GB2312"?>
<xs: schema xmlns: xs="http://www.w3.org/2001/XMLSchema">
    <xs: attribute name="类型"  type="xs: string"/>
    <xs: complexType name="usertype">
        <xs: attribute  ref="类型"/>
        <xs: attribute name="角色" type="xs: string"/>
    </xs: complexType>
    <xs: element name="用户名" type="usertype"/>
</xs: schema>
```

在例 5-7 中,以局部组件形式声明了一个"角色"属性;同时以全局形式声明了一个"类型"属性,在"usertype"复杂类型中引用了"类型"属性,也就说明了该复杂类型具有"类型"和"角色"两个属性。通过例 5-7 可以得到如下的 XML 片段:

```
<用户名 类型="教师"  角色="管理员">xyz</用户名>
```

5.4.1　属性声明的数据类型

无论属性是局部的还是全局的,其数据类型都只能是简单类型,而不能是复杂类型。

在 XSD 中,指定属性的类型有以下三种方式:

- 在属性声明中,通过"type"属性指定一个命名简单类型(它可以是内置类型,也可以是用户自定义的简单类型)。
- 以匿名形式定义数据类型(通过在<attribute>元素下使用<simpleType>元素来定义和指定一个匿名简单类型)。
- ANY 型元素(不指定 type,也不指定<simpleType>元素,从而不指定任何类型。这样属性可以拥有任何合法的 XML 字符)。

【例 5-8】 属性数据类型的指定。

```
<?xml version="1.0" encoding="UTF-8"?>
<xs: schema xmlns: xs="http://www.w3.org/2001/XMLSchema">
    <!--方式一-->
    <xs: attribute name="状态" type="xs: integer"/>
    <!--方式二-->
    <xs: attribute name="类型">
        <xs: simpleType>
            <xs: restriction base="xs: string">
                <xs: enumeration value="学生"/>
                <xs: enumeration value="教师"/>
            </xs: restriction>
        </xs: simpleType>
    </xs: attribute>
    <!--方式三-->
    <xs: attribute name="free"/>
```

```
<!--方式四-->
<xs: attribute name="密码" type="passType"/>
<xs: simpleType name="passType">
    <xs: restriction base="xs: string">
        <xs: length value="12"/>
    </xs: restriction>
</xs: simpleType>
</xs: schema>
```

在例 5-8 中,第一个属性"状态"使用"type"属性来指定类型为 integer,这是一个 XML Schema 的内置类型。

第二个属性"类型"使用了内嵌的匿名简单类型。第三个属性"free"没有指定任何类型,所以它可以包括任何合法的 XML 属性字符。

最后一个属性"密码"使用了"type"属性来指定类型为"passType",这是一个用户自定义的数据类型。

5.4.2　属性默认值和固定值

如果某属性在实例元素中不存在,而且在相应的属性声明中为它定义了默认值或固定值,那么模式处理器会自动插入该属性定义,并赋予它声明中的默认值或固定值。

在 XML Schema 中,属性的默认值和固定值分别由"default"和"fixed"属性来指定,二者是互斥的,只能出现其中一个。

【例 5-9】　属性默认值的定义。

```
<xs: element name="size">
    <xs: complexType>
        <xs: attribute name="dim"  type="xs: integer" default="1"/>
    </xs: complexType>
</xs: element>
```

注意,默认值只有在属性没有在元素中定义时才会被插入。于是对例 5-9 中的 dim 属性默认有以下几种情况。

(1) 没有属性定义,结果将以默认值添加属性

```
实例处理前:<size/>
实例处理后:<size  dim="1"/>
```

(2) 属性出现,并带有新的有效值,结果将保持新值

```
实例处理前:<size  dim="5"/>
实例处理后:<size  dim="5"/>
```

属性的固定值与默认值在同样的情况下被插入,它们的区别在于如果属性出现在元素中,则它的值必须等于声明中指定的固定值,否则无效。另外模式处理器在判断它们是否相符时,会考虑属性的类型,如对于 integer 类型,1、+1、01 等都可以认为是正确的。

5.5　简单类型

在 XML Schema 中,根据元素和属性的数据内容可以采用简单类型或复杂类型进行定义。其中以简单类型形式定义的组件只能具有字符数据内容,不能有子元素或属性。也就是说,若某一个节点只有字符值,而没有非文字子节点及属性的节点就可以称之为简单类型节点,这种类型又可以抽象地被称作简单类型(SimpleType)。

所谓的简单类型(SimpleType)和复杂类型(ComplexType),它们本身并不是具体的数据类型,它们只是对节点或者自定义类型的类型作一个抽象的说明,我们不可以指定某个节点的 type 属性为 SimpleType 或者是 ComplexType,但是可以用 SimpleType 和 ComplexType 来定义新的类型,让某个节点的 type 属性被指定为这个新类型,或者可以用 SimpleType 和 ComplexType 元素来直接声明某个节点的类型。

5.5.1　简单类型的种类及定义

在 XML Schema 中,简单类型可以分为三类:

- 原子类型

具有不可分割的值。如整数"10"、字符串"abced"等。

- 列表类型(List)

它的值为用空白分隔的原子类型值的列表。

- 联合类型(Union)

它的值可以是原子类型值,也可以是列表值。它们的区别在于有效值集合,或者叫做"值空间",因为这种类型是两种或两种以上其他简单类型的值空间的集合。如表示服装的尺码可定义为一个联合类型,它的值可以是从 2 到 18 的整数,也可以是 S、M、L 字符中的一个。

简单类型的定义格式:

```
<simpleType name="名字参数">
        ⋮
</simpleType>
```

这里的 name 属性用于定义简单类型的名字,这个名字就可以指定给其他组件定义时的 type 属性,如例 5-8 中的方式二和方式四。

5.5.2　简单类型的限制(Restriction)

简单类型的限制(Restriction)指的是通过对其他类型加以限制产生新的类型,所有新的简单类型都是以某种方式限制其基类型的值的空间来生成新的类。

限制定义语法:

```
<simpleType name="名字参数">
    <restriction base="类型参数">
        ⋮ (限制条件)
    </restriction>
</simpleType>
```

其中,base 属性指定的是基本类型,也就是在该类型的基础上加以限制,从而产生一个新的数据类型。在 restriction 元素里就是相应的限制条件或限制面。

其中,限制条件有:

```
<Length value="非负数"/>指定字符串的长度
<minLength value="非负数"/>指定字符串的最小长度
<maxLength value="非负数"/>指定字符串的最大长度
<minInclusive value="数值"/>指定数值的最小值
<maxInclusive value="数值"/>指定数值的最大值
<minExclusive value="数值"/>排除比 value 小的数值
<maxExclusive value="数值"/>排除比 value 大的数值
```

下面通过例 5-10 来讲述限制的定义与使用。

【例 5-10】　限制的定义。

```
<xs: element name="年龄" type="nl"/>
<xs: simpleType name="nl">
    <xs: restriction base="xs: integer">
        <xs: minInclusive value="0"/>
        <xs: maxInclusive value="200"/>
    </xs: restriction>
</xs: simpleType>
```

在例 5-10 中,定义一个元素"年龄",其类型指定了一个简单类型 nl;简单类型 nl 是一个在整型数据类型的基础上加以限制,产生一个新的数据类型,其取值空间为整数0～200 之间的任意一个整数。

5.5.3　简单类型的枚举(Enumeration)

枚举类型是通过 enumeration 来实现的,允许为某个类型规定一套取值空间。枚举类型的定义语法为:

```
<xsd: simpleType name="名字参数"/>
    <xsd: restriction base="类型参数"/>
        <xsd: enumeration value="枚举值"/>
        <xsd: enumeration value="枚举值"/>
                    ⋮
    </xsd: restriction>
</xsd: simpleType>
```

【例 5-11】　枚举类型的定义与使用。

```
<xs: element name="尺码" type="size"/>
<xs: simpleType name="size">
    <xs: restriction base="xs: string">
        <xs: enumeration value="S"/>
        <xs: enumeration value="M"/>
        <xs: enumeration value="L"/>
        <xs: enumeration value="XL"/>
    </xs: restriction>
```

```
</xs: simpleType>
```

例 5-11 的 Schema 定义了一个元素"尺码",而且"尺码"这个元素的内容只能在 S、M、L、XL 中任意取一个。也就是说为"尺码"这个元素枚举了四个值。

5.5.4　简单类型的列表(List)

列表类型,指的是元素的内容可以同时取多个有效值,值与值之间用空白分隔。

在 XML Schema 中,列表类型是通过使用 list 元素来实现的。

【例 5-12】　列表类型的定义。

```
<xs: element name="尺码" type="size"/>
<xs: simpleType name="size">
   <xs: list   itemType="SizeType"/>
</xs: simpleType>
<xs: simpleType name="SizeType">
   <xs: restriction base="xs: integer">
        <xs: minInclusive value="2"/>
        <xs: maxInclusive value="18"/>
   </xs: restriction>
</xs: simpleType>
```

根据例 5-12 中的定义,以下的写法是有效的:

```
<尺码>3 6 17 10</尺码>
```

除了采用 itemType 属性指定一个命名简单类型来指定列表条目外,也可以在列表类型定义内使用 simpleType 子元素以匿名形式来定义列表条目。

```
<xs: element name="尺码" type="size"/>
<xs: simpleType name="size">
    <xs: list>
      <xs: simpleType>
         <xs: restriction base="xs: integer">
              <xs: minInclusive value="2"/>
              <xs: maxInclusive value="18"/>
         </xs: restriction>
      </xs: simpleType>
    </xs: list>
</xs: simpleType>
```

5.5.5　简单类型的联合(Union)

联合类型允许符合几种不同简单类型中的任何一种值。也就是说,联合类型可以把多个简单类型联合在一起。比如对于服装的尺码,有的人喜欢用英文来表示(如 S、M、L、XL 等),有的人喜欢用数字来表示(如 36、38、40、42 等),或者对我们来说,更喜欢用中文来表示(如小号、中号、大号、加大号等),所以采用联合类型就能更好地解决这种问题。

在 XML Schema 中,联合类型用 union 元素来定义,如例 5-13 所示。

【例 5-13】 联合类型的定义与使用。

```
<xs: simpleType name="unionType">
    <xs: union>
        <xs: simpleType>
            <xs: restriction base="xs: integer">
                <xs: enumeration value="36"/>
                <xs: enumeration value="38"/>
                <xs: enumeration value="39"/>
                <xs: enumeration value="40"/>
            </xs: restriction>
        </xs: simpleType>

        <xs: simpleType>
            <xs: restriction base="xs: string">
                <xs: enumeration value="S"/>
                <xs: enumeration value="M"/>
                <xs: enumeration value="L"/>
                <xs: enumeration value="XL"/>
            </xs: restriction>
        </xs: simpleType>

        <xs: simpleType>
            <xs: restriction base="xs: string">
                <xs: enumeration value="小号"/>
                <xs: enumeration value="中号"/>
                <xs: enumeration value="大号"/>
                <xs: enumeration value="加大号"/>
            </xs: restriction>
        </xs: simpleType>

    </xs: union>
</xs: simpleType>

<xs: element name="尺码" type="unionType"/>
```

在例 5-13 中的简单类型 unionType 中联合了三个简单类型,所以尺码元素的值就可以在这三个简单类型中任意取值了。因此以下的 XML 片段都是合法的:

```
<尺码>中号</尺码>
<尺码>38</尺码>
<尺码>S</尺码>
<尺码>XL</尺码>
```

5.6　复杂类型

在 XML Schema 中,为元素定义子元素或属性时,只有通过复杂类型的形式来进行定义。

5.6.1　复杂类型的定义

在 XML Schema 中,复杂类型的定义格式为:

```
<complexType name="名字参数">
        ⋮
</complexType>
```

这里的 name 属性用于指定所定义的复杂类型的名字,这个名字就可以指定给其他组件定义时的 type 属性;如果没有指定 name 属性,则说明复杂类型是以匿名形式定义的。

当在复杂类型中定义某个元素的子元素时,应该使用模型组来描述这些子元素的顺序和结构。在 XML Schema 的复杂类型中可以使用的模型组有 sequence 组、choice 组、all 组,同时在这些模型组中只能定义子元素。

5.6.2　复杂类型的 sequence 组

sequence 组被用来表示组内所定义的元素在 XML 文档里应该按照在组内定义的先后顺序依次出现。

sequence 组的定义语法为:

```
<complexType name="名字参数">
        <sequence>
              ⋮
        </sequence>
</complexType>
```

【例 5-14】　sequence 组确定元素出现的顺序。

```
<?xml version="1.0" encoding="GB2312" ?>
<xs: schema xmlns: xs="http://www.w3.org/2001/XMLSchema">
    <xs: element name="用户" type="user" />
    <xs: complexType name="user">
        <xs: sequence>
        <xs: element name="用户名" type="xs: string" />
            <xs: element name="密码" type="xs: string" />
        </xs: sequence>
    </xs: complexType>
</xs: schema>
```

例 5-14 中,以全局的形式定义了一个 user 复杂类型,并采用 sequence 组描述了"用户名"和"密码"两个元素的出现顺序。则相应的 XML 片段应该为:

```
<用户>
    <用户名/>
    <密码/>
</用户>
```

5.6.3　复杂类型的 choice 组

采用 choice 组来描述的元素,在相对应的 xml 文档中只能任意选择一个子元素。

choice 组的定义语法为：

```
<complexType name="名字参数">
        <choice>
            ⋮
        </choice>
</complexType>
```

根据例 5-15 所示的 schema 定义,以下的 XML 片段都是合法的。

```
①  <配偶>              ②  <配偶>                  ③  <配偶>
        <妻子/>              <未婚 />                    <丈夫/>
    </配偶>              </配偶>                    </配偶>
```

【例 5-15】 schema 定义示例。

```
<?xml version="1.0" encoding="GB2312" ?>
<xs: schema xmlns: xs="http://www.w3.org/2001/XMLSchema">
<xs: complexType name="sub">
    <xs: choice>
        <xs: element name="妻子" type="xs: string"/>
        <xs: element name="丈夫" type="xs: string"/>
        <xs: element name="未婚" type="xs: string"/>
    </xs: choice>
</xs: complexType>
<xsd: element name="配偶"  type="sub"/>
</xs: schema>
```

sequence 组和 choice 组可以嵌套使用,具体如例 5-16 所示。

【例 5-16】 sequence 组和 choice 组的嵌套使用。

```
<xs: complexType name="yuangong">
        <xs: sequence>
            <xs: element name="员工姓名" type="xs: string"/>
            <xs: element name="配偶">
                <xs: complexType>
                    <xs: choice>
                        <xs: element name="妻子" type="xs: string"/>
                        <xs: element name="丈夫" type="xs: string"/>
                        <xs: element name="未婚" type="xs: string"/>
                    </xs: choice>
                </xs: complexType>
            </xs: element>
        </xs: sequence>
</xs: complexType>
<xs: element name="员工"  type="yuangong"/>
```

例 5-16 中,以全局组件的形式定义了一个叫 yuangong 的复杂类型,其中该复杂类型以 sequence 组描述了“员工姓名”和“配偶”两个子元素;并以匿名组件的形式在“配偶”元素中又定义了一个复杂类型,这个复杂类型以 choice 组描述了“妻子”、“丈夫”、“未婚”三个子元素。因此,根据例 5-16 的定义,以下的 XML 片段是合法的。

```
<员工>
    <员工姓名>张三</员工姓名>
    <配偶>
        <妻子>小红<妻子>
    </配偶>
</员工>
```

5.6.4 复杂类型的 all 组

all 组用来表示符合元素声明的所有元素都应该出现,并且可以以任意顺序出现,但最多只能出现一次。

all 组的定义语法:

```
<complexType name="名字参数">
    <all>
        ⋮
    </all>
</complexType>
```

【例 5-17】 all 组的应用。

```
<?xml version="1.0" encoding="GB2312" ?>
<xs: schema xmlns: xs="http://www.w3.org/2001/XMLSchema">
<xs: element name="用户" type="user" />
<xs: complexType name="user">
<xs: all>
<xs: element name="用户名" type="xs: string" />
<xs: element name="密码" type="xs: string" />
</xs: all>
</xs: complexType>
</xs: schema>
```

例 5-17 用 all 组描述了子元素"用户名"和"密码",则以下的 XML 片段都是合法的。

```
<用户>                          <用户>
    <用户名/>                        <密码/>
    <密码/>                          <用户名/>
</用户>                          </用户>
```

注意:

- 在 all 组内只能包含元素的定义或者是元素的引用,不能包含其他的组(sequence、choice)。
- all 组不能出现多次,只能出现 0 或者 1 次。即,all 元素的 maxOccurs 必须为 1,minOccurs 只能为 0 或者 1。
- all 组不能出现在其他组内,它必须是复杂类型的最高层。

5.6.5 在复杂类型定义中使用属性类型

定义元素的属性,也必须通过复杂类型来描述。在复杂类型中描述属性也如同描述元素一样,可以通过局部声明、全局声明的引用来实现。并且在复杂类型定义中,属性必须出现在内容模型之后,如例 5-18 所示。

【例 5-18】 属性的定义。

```
<?xml version="1.0" encoding="GB2312" ?>
<xs: schema xmlns: xs="http://www.w3.org/2001/XMLSchema">
    <xs: element name="用户" type="user" />
    <xs: complexType name="user">
        <xs: sequence>
            <xs: element name="用户名" type="xs: string" />
            <xs: element name="密码" type="xs: string" />
        </xs: sequence>
        <xs: attribute name="类型" type="xs: string"/>
    </xs: complexType>
</xs: schema>
```

通过例 5-18 的 schema 定义,可以得到如下的 XML 片段。

```
<用户　类型="管理员">
    <用户名/>
    <密码/>
</用户>
```

5.7　实训　用 XML Schema 验证 XML 文档的合法性

实训目的:

- 掌握 W3C Schema 的创建。
- 掌握对数据类型的限制。
- 掌握用命令方式对简单类型与复杂类型的创建。

实训环境:

XML SPY2004 中完成实训任务。

实训内容:

创建一个能够正确验证如下 XML 文档结构及要求的 XML Schema 文件。

```
<学生列表>
    <学生>
        <学号>S001</学号>
        <姓名>张三</姓名>
        <性别>男</性别>
        <出生年月 类型="公历">1981-01-01</出生年月>
        <身份证号>11111111111111111</身份证号>
        <联系方式>
            <手机>12345678911</手机>
            <QQ>1111111</QQ>
            <E_mail>xyz@ 163.com</E_mail>
```

```
    </联系方式>
  </学生>
</学生列表>
```

要求：

- <学号>元素的数据类型为字符。
- <出生年月>元素的数据类型为日期型。
- <身份证号>元素的数据类型为字符,长度大于整数 15 而小于整数 18。
- <联系方式>下的三个子元素同时只能出现一个。

习题

一、选择题

1. 在 XML Schema 中,简单类型有(   )。

   A. 内置简单类型   B. 外置简单类型   C. 限制简单类型   D. 列表类型

2. 在 XML Schema 中,模型组的叙述正确的是(   )。

   A. choice 组：允许组中的任意一个元素出现,不限个数

   B. choice 组：允许组中的任意一个元素出现,而且只能出现一个

   C. all 组：组内所有的元素可以以任何顺序出现 0 或 1 次

   D. all 组：组内所有的元素可以以任何顺序出现,而且只能出现一次

3. 考虑下面的 XML Schema 范例：

```
<xs: element name="Price">
   <xs: complexType>
      <xs: attribute name="currency" type="xs: string"/>
   </xs: complexType>
</xs: element>
```

其中,currency 属性的声明和(   )DTD 声明等价。

   A. <!ATTLIST Price currency CDATA #REQUIRED>
   B. <!ATTLIST Price currency CDATA #FIXED>
   C. <!ATTLIST Price currency CDATA #IMPLIED>
   D. <!ATTLIST Price currency PCCDATA #IMPLIED>

二、简答题

将如下的 DTD 定义用 XML Schema 的方式来实现。

```
<!ELEMENT UserInfo(User)>
<!ELEMENT User(UserName,Age,Sex,QQ)>
<!ELEMENT UserName(#PCDATA)>
<!ELEMENT Age(#PCDATA)>
<!ELEMENT Sex(#PCDATA)>
<!ELEMENT QQ(#PCDATA)>
```

第 6 章

使用 CSS 格式化 XML

本章目标

- 了解 CSS 层叠样式表语言；
- 掌握 CSS 层叠样式语言规则；
- 掌握使用 CSS 层叠样式表语言对 XML 进行美化；
- 掌握常用 CSS 层叠样式表语言的属性设置；
- 运用 CSS 层叠样式表语言完成指定实例。

XML 的最大特点在于存储数据本身，因此 XML 文档具有描述、存储和共享各种数据等优点。然而单纯的 XML 文档中并不包含数据的显示格式信息。若要将 XML 文档中所包含的数据更好地显示出来，便于人们的阅读和使用，就需要使用特定的样式表语言对这些数据进行显示输出，即进行显示描述。

XML 数据的最终使用方式由应用程序（如浏览器）来完成。数据在浏览器中的显示方式通常由样式表来控制。XML 为用户提供了两种样式表：层叠样式表（Cascading Style Sheet，CSS）和可扩展样式表转换语言（eXtensible Stylesheet Language Transformation，XSLT）。在本章中，您将学会使用 CSS 层叠样式表语言来实现对 XML 源代码进行显示控制。

6.1 格式化 XML 的原因

如前面介绍到的 XML 的最大特点在于存储数据本身，然而数据本身是不具备任何显示功能的。如果要把数据按照指定格式加以显示，这就要涉及数据显示问题。数据显示就是指将数据以某种格式在某种显示媒体上显示出来，所以显示就是格式。

设计 XML 的本意是用来存储、传送和交换数据的，而不是用来显示数据的，这就限定了 XML 数据本身不具备显示的功能。人们不能直接阅读原始数据，按照习惯，数据将以某种指定格式进行显示，如在网页中使用 HTML 中的表格进行显示，当然，除了在网页中显示，XML 还能在其他媒体输出中进行显示。既然 XML 本身不能进行数据的格式化，就需要运用专门的显示工具来弥补这个缺憾。

从图 6-1 和图 6-2 中可以看出,图 6-1 中直接在浏览器中显示的 XML 源文件不具备良好的阅读性;而图 6-2 经过格式化后,把 XML 源文件以常见的网页形式显示出来,符合阅读的习惯。本章主要讨论如何在浏览器中对输出的 XML 源文件进行格式化。

图 6-1   没有应用样式表的 XML 源文档在浏览器中的显示效果

图 6-2   应用 XSL 格式化后的 XML 源文档在浏览器中的显示效果

6.2   什么是 CSS

CSS(Cascading Style Sheets,层叠样式表)是 W3C 于 1996 年公布的一个样式控制语言,它使用简单的规则(rule)来控制 HTML 元素在浏览器中的显示方式。自从 XML

诞生以来,CSS 与 XML 结合得更为紧密。由于在 HTML 中所有元素都是预先定义好的,而 XML 中的元素都是用户自己定义的,所以可以更充分地利用 CSS 的强大功能。

1998 年 W3C 对修订的 CSS 规范进行了公布,该规范称为 CSS LEVEL2,即 CSS2,而将原有的 CSS 称为 CSS LEVEL1,即 CSS1。CSS2 基于 CSS1,包含了 CSS1 所有的特色和功能,并且在多个领域进行了完善,使得 Web 对内容提供者和用户都具有很强的吸引力。通过将控制显示的文档和保存数据的文档进行分离,CSS2 简化了 Web 编写和网站的维护。CSS2 支持多种媒体样式表,用户可以根据不同的输出设备为 XML 数据文档定制不同的表现样式,如浏览器、打印机、PDA 等。值得一提的是,CSS1 只能用于控制 XML 文档中的元素,不能对属性进行操作。CSS2 中增加了对元素属性的处理功能。

XML 和 HTML 所采用的 CSS 语言是一致的,都是通过一组特定的属性设置来规定某个元素的内容如何显示。可设置的元素显示属性包括文本大小、文本字体、文本颜色等,还有元素内容在页面中的显示位置、是否分段、对齐方式,以及是否添加边框、边框粗细、指定背景、文字下划线等。事实上,把 CSS 中的各种属性设置组合起来,可以获得非常丰富的显示效果。

使用 CSS 技术来显示 XML 源文件是目前经常使用的方法之一,相对于 XSL(eXtensible Stylesheet Language,可扩展样式表语言)技术而言,采用 CSS 来显示 XML 源文档还是有局限性。CSS 对于浏览器如何安排 XML 元素的显示提供了高度的控制权,但它并不能对 XML 源文档中的内容进行自由的选择输出,也不能重新安排这些内容的输出顺序。当然,在 CSS 中也不允许访问 XML 文档中的实体、处理指令以及其他组件,更不能够处理这些组件中所包含的信息。

6.3 链接 CSS 和 XML 文档

一个 CSS 样式表就是一组规则(rule)。一系列规则按一定顺序存放在一个或多个样式表文件中,就形成了 CSS 样式表文件。每一个规则给出该规则所适用的元素的名称,以及该规则要应用于元素的样式。因为样式表文件与 XML 源文件是分开存放的,所以首先要创建一个 XML 源文档,然后再创建一个相应的 CSS 样式表文件来规定这个 XML 源文档中各个元素的显示格式,最后将这个 CSS 样式表文件链接到 XML 源文档中,并实现在浏览器中按所规定的格式进行显示。

使用 CSS 来格式化 XML 需要按照下面的步骤进行:

(1) 创建 XML 源文档。

(2) 创建格式化 XML 源文档的样式表文件。

(3) 在浏览器中查看应用样式表后的结果。

6.3.1 创建 XML 文档

【例 6-1】 联系人列表 XML 文档。

```
<?xml version="1.0" encoding="GB2312" standalone="no"?>
<!--<?xml-stylesheet type="text/xsl" href="mystyle.xsl"?>-->
<联系人列表>
```

```
<联系人>
    <姓名>张扬</姓名>
    <ID>001</ID>
    <公司>四川成都和讯通信一公司</公司>
    <EMAIL>zhangyang@ hexun.com</EMAIL>
    <电话>(028)62345678</电话>
    <地址>
        <街道>抚琴街道</街道>
        <城市>成都市</城市>
        <省份>四川省</省份>
    </地址>
</联系人>
        ⋮
<联系人>
    <姓名>郑燕红</姓名>
    <ID>008</ID>
    <公司>四川成都和讯通信九公司</公司>
    <EMAIL>zhengyanhong@ hexun.com</EMAIL>
    <电话>(028)88888999</电话>
    <地址>
        <街道>人民北路 888 号</街道>
        <城市>成都市</城市>
        <省份>四川省</省份>
    </地址>
</联系人>
</联系人列表>
```

这是一个没有应用样式表的 XML 源文件,如果直接在浏览器中打开该文档,看到的是文档的源代码,如图 6-1 所示。因为没有应用样式表,浏览器不可能知道应该如何处理元素内容的显示方式,最终只能原样显示。

注意:

• 由于在 IE 浏览器中 CSS 层叠样式表不支持对中文元素的操控,要得到显示结果必须保证 XML 源文件中元素名称为字母。本节 XML 源文件以 lianxirenlist. xml 为例。

• 在编写 CSS 层叠样式的过程中要注意,对元素名称的引用要一致,否则将得不到预期效果。

【例 6-2】 lianxirenlist. xml 文档。

```
<?xml version="1.0" encoding="GB2312" standalone="no"?>
<lianxirenlist>
    <lianxiren>
        <xingming>张扬</xingming>
        <ID>001</ID>
        <gongsi>四川成都和讯通信一公司</gongsi>
        <EMAIL>zhangyang@ hexun.com</EMAIL>
        <dianhua>(028)62345678</dianhua>
        <dizhi>
```

```
            <jiedao>抚琴街道</jiedao>
            <chengshi>成都市</chengshi>
            <shenfen>四川省</shenfen>
        </dizhi>
    </lianxiren>
     ⋮
    <lianxiren>
        <xingming>郑燕红</xingming>
        <ID>008</ID>
        <gongsi>四川成都和讯通信九公司<gongsi>
        <EMAIL>zhengyanhong@ hexun.com</EMAIL>
        <dianhua>(028)88888999</dianhua>
        <dizhi>
            <jiedao>人民北路 888 号</jiedao>
            <chengshi>成都市</chengshi>
            <shenfen>四川</shenfen>
        </dizhi>
    </lianxiren>
</lianxirenlist>
```

6.3.2 创建 CSS 样式文件

为了将例 6-2 的信息显示出来,我们创建了 lianxirenlist.css 样式文件,如例 6-3 所示。

【例 6-3】 应用于例 6-2 的 CSS 样式表文件。

```
/*  file  lianxirenlist.css */
lianxiren {display: block; block;margin-top: 10px;}
xingming {display: block;font-size: 16pt; font-weight: bold}
ID{font-size: 24pt;font-style: italic;color: red;}
EMAIL{font-size: 30pt;color: blue;text-decoration: underline;}
dizhi{background-color: #666666;color: #ffffff;}
```

上述代码说明如下:
- 第 1 行是 CSS 源代码中的注释语句。
- 第 2 行设置 XML 源文档中的每一个 lianxiren 元素为一个显示块,该显示块与其上方内容的间距为 10 像素。
- 第 3 行设置 xingming 元素在块中单独显示一行;字体大小为 16 磅,字体加粗显示。
- 第 4 行设置 ID 元素以 24 磅的字体大小显示,斜体,字体颜色为红色。
- 第 5 行设置 EMAIL 元素以 30 磅字体大小显示,字体颜色为蓝色,有下划线。
- 第 6 行设置 dizhi 元素以灰色为背景显示,字体颜色为白色。

为了引用创建好的样式表文件来格式化 XML 源文档的内容,必须将相应的样式表文件与 XML 源文件关联起来,即将 CSS 文件链接到 XML 源文档中。对于例 6-2 来说,只需要在其声明部分添加下面的链接语句即可:

```
<?xml version="1.0" encoding="GB2312" standalone="no"?>
```

```
<?xml-stylesheet type="text/css" href="lianxirenlist.css"?>
<lianxirenlist>
  ⋮
</lianxirenlist>
```

语句中"<? xml-stylesheet? >"是处理指令,指出在解析器解析 XML 文档时应用了样式表。"<? xml-stylesheet? >"中的连字符(-)可以换成冒号(:),即"<? xml: stylesheet?>"。

type 用于指定样式表文件的格式,其值如果使用"text/css"则表明使用的是 CSS 样式表,如果使用的是"text/xsl"则表明使用的是 XSL 样式表。

href 用于指定使用的样式表的地址,即 URL,该 URL 可以是本地路径或是存放在服务器上的路径。使用绝对路径和相对路径都可以,建议使用相对路径。

应用了样式表后的 XML 源文件在 IE 浏览器中的显示结果如图 6-3 所示。

图 6-3　应用 CSS 格式化后的 XML 源文档在浏览器中的显示效果

注意:

① CSS 层叠样式文件可以使用任意文本编辑器进行编写或修改。

② 使用@import 指令可以在 CSS 文档中引用保存于其他独立文档中的样式表。使用格式如下:

```
@ import url(URL);
```

其中,URL 是被引用样式表文件的地址,可以是本地或 Web 服务器上的文件,相对或绝对路径皆可。

@import 指令在使用时要注意以下几点。

- @import 指令必须放置在 CSS 文件的第一行。
- 如果被引用的样式表中的格式与引用文件的格式冲突,以引用文件格式优先。
- 如果引用的多个外部样式冲突,则按引用的先后顺序就近使用格式。禁止循环引用,如在 temp1.css 中引用 temp2.css,又在 temp2.css 中引用 temp1.css。

- @import 指令结尾的分号不能省略。

③ 在 CSS 层叠样式中允许为同一元素指定多条规则,还可以使用@import 指令引用外部的样式表,这不可避免地会产生样式冲突。产生样式冲突后,一般按如下优先级决定执行顺序。

- 内部 CSS 层叠样式优先于外部 CSS 层叠样式。
- 使用"! important"声明过的规则优先,如 dizhi{color:blue! important}。
- 在 XML 源文档中使用了 style 属性的规则优先。
- 使用了上下文选择器的规则优先于一般选择器。
- 自定义优先于预定义。
- 若元素本身无规则,则自动继承父级规则。但背景和边框不能被继承。
- 同一元素应用多个规则,如无冲突则叠加所有规则。
- 应用多个规则有冲突,则显示除冲突以外的所有规则。

6.4　CSS 基础语法

6.4.1　CSS 语法概述

1. CSS 语句的基本格式

CSS 样式表是由一系列格式设置语句组成的,每一条这样的语句都用来定义浏览器如何显示 XML 源文档中的某个或某类指定元素。

CSS 的每条格式定义规则都由两部分组成,前一部分指出该规则所适用的 XML 源文档的元素,后一部分指出这些元素的具体显示样式。

CSS 语句的基本格式如下:

选择符　{属性 1:属性值 1;[属性 2:属性值 2;…]}

其中,选择符可以是多个元素、带有特定 ID 或 CLASS 特性的元素及其他与元素内容相关的特殊选择符,多个选择符之间用逗号隔开。属性用于控制元素的各种特性,如显示属性、文本属性、颜色属性等。

注意:属性与属性值之间须用冒号(:)分隔;各属性之间使用分号(;)隔开。

【例 6-4】　一条 CSS 样式设置规则。

```
gongsi{ display: block;font-size: 14px;  font-weight: bold;
        border: 1px solid #000000; background: blue; width: 45px;
        height: 22px;margin: 2px;text-align: center }
```

本规则将 gongsi 元素的显示格式设置为:按区块显示、字体大小 14 像素、字体加粗显示、边框为实心的 1 像素的黑色细线、背景颜色为蓝色,gongsi 元素所占显示宽度为 45 像素,高度为 22 像素,四边的外边距均为 2 像素,文本居中对齐。

上面的例子还可以写成多行的形式:

```
gongsi{
        display: block;
        font-size: 14px;
        font-weight: bold;
        border: 1px solid #000000;
        background: blue;
        width: 45px;
        height: 22px;
        margin: 2px;
        text-align: center }
```

2. CSS 中的注释

在样式表文件中也可以包括注释语句,适当的注释语句不仅能使源文件清晰,具备良好的可读性,还能为后续的修改提供参考。注释语句示例:

```
/* this css filename: lianxiren.css */
```

其中以斜线加上星号"/*"作为注释开头,以星号加斜线"*/"作为结束,标记开始与结束之间可以输入任意字符。注释可以起到暂时开启或关闭某个规则或部分规则的作用,实际中常用来调试显示效果。

注意:

- 注释语句功能一:起到解释语句含义的作用。
- 注释语句功能二:暂时启动或关闭某个规则或部分规则。

3. 关于 CSS 中的大小写

在 IE 浏览器中是不对样式表中的字母的大小写进行区分的。因此在 CSS 中,name、Name、NAME、namE 这几种写法表达的含义都是一样的。

XML 中是严格区分大小写的,当 CSS 应用于 XML 文档中时,忽略字母的大小写会带来一系列的问题。在 XML 源文档中可以使用相同名称但大小写不同的多个元素名,但在 CSS 中,如果只是元素名的大小写不同,那么将会被当作相同的元素,这样的结果导致无法为这些元素分别设置不同的属性。所以,如果想要使用 CSS 来显示 XML 源文档,就应该让文档中各种元素的名称完全不同,而不单是字母大小写的不同。

4. CSS 属性的继承性

在 CSS 中为某个元素所设置的显示属性会影响到该元素所包含的所有子元素,除非这些子元素各自拥有不同的格式属性。有了这种继承性之后,在设计样式表时,可以先为顶层元素设置显示格式,然后再继续设置其中所包含子元素的格式,只需要对子元素的特定格式进行调整即可。这种设置可以大大减少代码量,从而将不必要的属性设置减少到最低。当然,并不是所有属性都具有继承属性,在一些情况下所设置的显示属性将不被子元素所继承。

5. 在 CSS 中使用中文

如果想在 XML 源文档中使用中文,必须在 XML 声明语句内添加 encoding ="GB2312",这样就可以使用简体中文的元素名称。但是,在 CSS 中为 XML 文档的各种元素设置显示样式时,设置语句中的 XML 元素名称则不能使用中文,而只能使用由英文字母、数字、下划线等组成的元素名称。

由于 CSS1 在支持多种字符集方面表现欠佳,在 CSS2 中对此问题做了改进。通过在样式表的第一行加入"@charset"和所要使用的字符集的名称来实现。如要在 CSS 样式中使用简体中文字符集,就要在 CSS 样式文件的第一行加上下面的指令:

```
@charset "GB2312";
```

注意:
- 指令最后的分号";"不能省略。
- 添加上述指令后在 CSS 样式表中可以出现中文,但仍不能使用中文的 XML 元素名称。

6.4.2　使用 CSS 选择元素

在 CSS 样式表中,利用选择符可以使用多种方式来选择元素,如同时选择多个元素、伪元素、伪类、ID 属性、STYLE 属性和上下文选择器等。

1. 同时选择多个元素

CSS 样式表中允许将一个规则同时应用于多个元素,在选择符中的多个元素使用逗号分隔。

例如,要设置 gongsi 和 dizhi 元素显示字符大小为 14 像素,颜色为绿色,可以按如下方法定义它们的共同属性:

```
Gongsi,dizhi{font-size: 14px;color: green}
```

如果要为同一个元素指定多个规则,除了可以直接写在花括号内,以分号隔开外,还可以利用不冲突规则效果叠加这一特点来设置样式。例如,可以按照如下的规则来组合:

```
gongsi{font-size: 14px}
gongsi{color: green;display: block}
gongsi,dizhi{font-family: arial}
```

2. 伪元素

通常伪元素是元素内容的第一个字符或是第一行,对伪元素可以使用不同的格式。

(1)特殊化首字符

首字符使用"first-letter"来选择,例如,要求 gongsi 元素内容的第一个字符以 2 倍大小显示,可以使用下面的规则:

```
gongsi: first-letter{font-size: 200%}
```

(2)特殊化首行

选择首行使用"first-line"。例如,将 xingming 元素的内容以两倍大小的字体显示,可以使用如下规则:

```
xingming: first-line{font-size: 200%}
```

3. 伪类

XML 允许为元素指定一个 CLASS 属性（即伪类），然后使用 CLASS 来标识同一个元素标识的不同内容。在 CSS 样式中，可以通过使用伪类来为相同元素的不同内容指定不同的显示样式。建立一个有 CLASS 属性的 XML 源文档，如例 6-5 所示。注意文档中为 lianxiren 元素设置了不同的 CLASS 属性值。

【例 6-5】 带有 CLASS 属性的 XML 文档。

```xml
<?xml version="1.0" encoding="UTF-8" standalone="no"?>
<?xml-stylesheet type="text/css" href="带有 CLASS 属性的 XML 文档.css"?>
<lianxirenlist>
    <lianxiren class="l1">
        <xingming >张扬</xingming>
        <ID>001</ID>
        <gongsi>四川成都和讯通信一公司</gongsi>
        <EMAIL>zhangyang@ hexun.com</EMAIL>
        <dianhua>(028)62345678</dianhua>
        <dizhi>
            <jiedao>抚琴街道</jiedao>
            <chengshi>成都市</chengshi>
            <shenfen>四川省</shenfen>
        </dizhi>
    </lianxiren>
    <lianxiren class="l2">
        <xingming>李清连</xingming>
        <ID>002</ID>
        <gongsi>四川成都和讯通信二公司</gongsi>
        <EMAIL>liqinglian@ hexun.com</EMAIL>
        <dianhua>(028)12345678</dianhua>
        <dizhi>
            <jiedao>西大街</jiedao>
            <chengshi>成都市</chengshi>
            <shenfen>四川</shenfen>
        </dizhi>
    </lianxiren>
    <lianxiren  class="l3">
        <xingming>王亚严</xingming>
        <ID>003</ID>
        <gongsi>四川成都和讯通信三公司</gongsi>
        <EMAIL>wangyayan@ hexun.com</EMAIL>
        <dianhua>(028)86957412</dianhua>
        <dizhi>
            <jiedao>梁家巷 110 号</jiedao>
            <chengshi>成都市</chengshi>
            <shenfen>四川省</shenfen>
        </dizhi>
    </lianxiren>
</lianxirenlist>
```

在 CSS 样式表中使用"元素名. class 属性值"来进行元素的选择。

【例 6-6】　带有 CLASS 属性的 XML 文档.css。

```
lianxiren{display: block; block;width: 100%; float: left;}
lianxiren.l1{color: red;font-size: 12px;}
lianxiren.l2{color: blue;font-size: 18px;}
lianxiren.l3{color: green;font-size: 24px;}
lianxiren.l1,lianxiren.l2,lianxiren.l3{text-decoration: underline;}
```

【例 6-7】　在 IE 浏览器中的显示效果如图 6-4 所示。

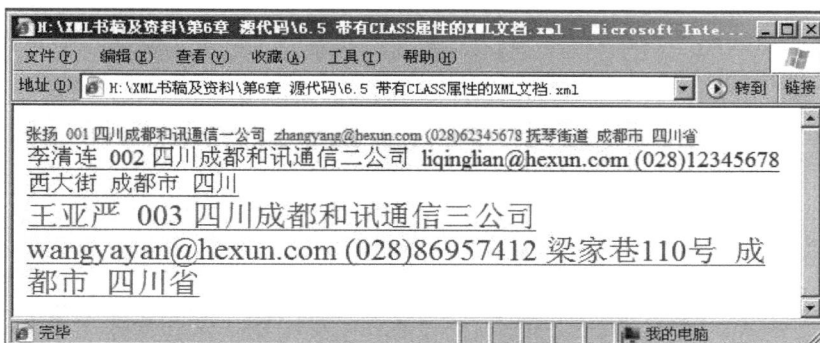

图 6-4　使用 CLASS 属性格式化元素的不同对象

4．ID 属性

ID 属性与 CLASS 属性一样用于选择同一元素的不同对象，将例 6-5 文档中的 CLASS 用 ID 替换，也可以达到同样的显示效果。在 CSS 样式中使用 ID 属性选择元素对象时使用下面的格式：

元素名#ID 属性的属性值

例如：

```
Lianxiren#l2{font-size: 14px;color: #ff0000;}
```

此样式将对 ID 属性值为"l2"的 lianxiren 元素的字体大小设置为 14 像素，并以红色显示。

XML 允许同时为元素设置 CLASS 和 ID 属性，这样便于我们对同一元素进行不同的设置。但同时使用 CLASS 和 ID 属性时，如果遇到规则冲突，浏览器会优先选择 ID 属性指定的效果。

5．STYLE 属性

如果想要在 XML 文档中直接使用样式，那么就需要用到 STYLE 属性。例如，将例子中的 gongsi 元素内容以特殊格式显示，可以使用 STYLE 属性直接在 XML 文档中格式化元素。

例如：

```
<gongsi style="font-size: 14px;color: red;"></gongsi>
```

注意：

- STYLE 显示样式与 CSS 样式表文件中的样式冲突时，浏览器优先使用 XML 源文档中的 STYLE 属性中的样式来格式化文档。
- 此处的 STYLE 与 HTML 中的 STYLE 完全一致。
- 不提倡使用 STYLE 属性，此属性违背了 XML 数据与显示分离的原则。

6. 上下文选择器

在 CSS 样式表的选择器中，允许在元素名称前加一个父元素或其父元素的父元素的名称。此规则只适用于包含嵌套关系的元素中。包含一个或多个嵌套元素名称的选择器叫做上下文选择器。

例如：

```
lianxiren {display: block;font-size: 18px;}
xingming {display: block;font-size: 14px;font-style: italic;}
lianxiren xingming {display: block;font-size: 30px;font-style: normal;}
```

上例格式规定了 lianxiren 元素内容字体大小为 18 像素；xingming 元素内容字体大小为 14 像素，字体为斜体；第三句规定，如果属于 lianxiren 元素下的子元素 xingming，那么就按照字体大小 30 像素、字体为正常的效果进行显示。

注意：

- 在上下文选择器中的元素名称之间必须用空格隔开。
- CSS 样式允许深层次的嵌套。

6.5　CSS 中的属性设置

前面说过 CSS 样式是以规则的形式设置的，而规则最终通过属性与属性值来共同设定。属性的名称都是 CSS 的关键字，如 font-size（字体大小）、font-style（字体样式）、background（背景样式）、border（边框样式）等。属性用于指定元素某一方面的特性，而属性值则指出该特性的具体特征。

下面介绍 CSS 样式中常用的属性关键字，以及色彩属性值、尺寸属性值和 URL 属性值。

6.5.1　CSS 属性与属性值

1. 属性关键字

CSS 中某些属性值可以使用关键字来设置，如 text-align（文本对齐方式）的值可以使用 left、right、center、justify 等关键字来指定。

在后面的内容中将逐一介绍各种属性值的关键字。

注意： XML 中严格区分大小写，但 CSS 不区分关键字的大小写。

2. 颜色值

在 CSS 样式中与色彩设置有关的属性名称关键字包括：color，用于设置文本颜色；

background-color,用于设置背景颜色;border-color,用于设置边框颜色等。颜色属性值可以使用以下四种方法来表示:

- 英文颜色名称;
- 十进制 RGB 值;
- 十六进制 RGB 值;
- 百分数 RGB 值。

(1) 使用英文颜色名称

在 Windows 调色板中提供了许多颜色的名称,而 CSS 样式中使用的英文颜色名称与之相同,如 red、green、blue、black 等。常用各种英文颜色名称及其对应的中文含义如表 6-1 所示。

表 6-1　常用英文颜色及其对应中文含义

英文颜色名称	对应中文含义	英文颜色名称	对应中文含义
white	白色	teal	深青
red	红色	olive	橄榄
fuchsia	品红	blue	蓝色
pink	粉红	gold	金色
lime	酸橙	navy	海蓝
yellow	黄色	purple	紫色
maroon	酱紫	silver	银色
green	绿色	gray	灰色
aqua	浅绿	blank	黑色

(2) 使用 RGB 方法表示

色彩模式中的 RGB 是用 Red(红)、Green(绿)、Blue(蓝)三种颜色的混合比例来表示某种颜色。其中:十进制的 RGB 表示方法使用十进制数 0~255 表示;十六进制的 RGB 使用十六进制数的 00~FF 表示;百分数的 RGB 使用百分数 0%~100%表示。

表 6-2 给出了常用颜色及其对应的 RGB 颜色值。

表 6-2　常用颜色及其对应的 RGB 颜色值

颜色	十 进 制	十六进制	百 分 数
黑色	RGB(0,0,0)	♯000000	RGB(0%,0%,0%)
白色	RGB(255,255,255)	♯FFFFFF	RGB(100%,100%,100%)
纯红	RGB(255,0,0)	♯FF0000	RGB(100%,0%,0%)
纯绿	RGB(0,255,0)	♯00FF00	RGB(0%,100%,0%)
粉红	RGB(255,204,204)	♯FFCCCC	RGB(100%,80%,80%)
褐色	RGB(153,102,51)	♯996633	RGB(60%,40%,20%)

续表

颜色	十 进 制	十六进制	百 分 数
浅紫	RGB(255,204,255)	＃FFCCFF	RGB(100％,80％,100％)
浅灰	RGB(153,153,153)	＃999999	RGB(60％,60％,60％)
橙色	RGB(255,204,0)	＃FFCC00	RGB(100％,80％,0％)

3. 长度属性值

在 CSS 中,长度可以用于度量宽度、高度、字号、文字间距、行间距和边框宽度等许多属性。

关于长度属性值可以使用三种方式表示:绝对长度、相对长度和百分数。

(1) 绝对长度

所谓绝对长度值,是指使用标准的长度单位来精确地设定长度值。可用于 CSS 中的绝对尺寸单位包括:

- in(英寸)　　　1in≈2.54cm
- cm(厘米)
- mm(毫米)
- pt(磅)　　　　1in＝72pt
- pc(皮卡)　　　1pc＝12pt

(2) 相对长度

CSS 支持以下三种相对长度:

- Em:当前字体中字母 m 的宽度;
- Ex:当前字体中字母 x 的宽度;
- Px:像素单位。

(3) 百分数

百分数实际也是一种表示相对长度的方法,例如:

```
gongsi{font-size: 200%}
```

该样式定义了 gongsi 元素内容以其父元素字号的两倍大小进行显示。

4. URL 值

CSS 中的三个属性 background-image(背景图片)、list-style-image(列表样式图片)和 list-style(列表样式)的属性值为 URL 值。URL 值用于指定资源的位置,通常放在"url()"的括号内,可以是本地或网络的绝对或相对路径。

本地路径:

```
xingming{background-image: url(d: \xml\images\new.jpg)}
gongsi{background-image: url(images\new.jpg)}
```

网络路径:

```
xingming{background-image: url(http://www.aidayu.com/image/new.jpg)}
```

```
gongsi{background-image: url(images/new.jpg)}
```

6.5.2　CSS 属性的设置

CSS 的属性大致分为字体、文本、背景、定位、尺寸、布局等 17 个类别,几乎囊括了网页设计所涉及的各个方面。通过对这些属性的合理设置和运用,使 XML 源文件的输出达到最优化。下面介绍几个常用 CSS 属性的设置。

1. 设置字体属性

CSS1/CSS2 支持 7 种字体属性,分别是 font-style、font-variant、font-weight、font-size、line-height、font-family 及 font。font 属性可以一次设置前 6 种字体属性。

（1）font-style 属性

① 语法

```
font-style: normal|italic|oblique
```

② 取值

normal：默认值,显示为正常的字体。

italic：斜体,对于没有斜体变量的特殊字体,将应用 oblique 属性值。

oblique：倾斜的字体。

③ 示例

```
gongsi {font-style: normal;}
xingming {font-style: italic;}
dizhi {font-style: oblique;}
```

（2）font-variant 属性

① 语法

```
font-variant: normal|small-caps
```

② 取值

normal：默认值,显示为正常的字体。

small-caps：小型的大写字母字体样式。

③ 示例

```
gongsi {font-variant: small-caps;}
```

（3）font-weight 属性

① 语法

```
font-weight: normal|bold|bolder|lighter|100|200|300|400|500|600|700|800|900
```

② 取值

normal：默认值,显示为正常的字体。相当于 400,声明此值将取消之前的所有设置。

bold：粗体,相当于 700,也相当于 b(加粗)对象的作用。

bolder：比 normal 粗一些。

lighter：比 normal 细一些。

③ 示例

```
xingming {font-weight: 700;}
```

（4）font-size 属性

① 语法

```
font-size: xx-small|x-small|small|medium|large|x-large|xx-large|larger|
smaller|length
```

② 取值

font-size 关键字：用于表示字号的绝对大小。

相对大小：指相对于父元素的字号大小，使用 smaller（比父元素小一些）或 larger（比父元素大一些），无具体数字可量化。

相对百分比：用于相对于父元素的百分数设置字号大小。

绝对大小：指可以用英寸、厘米、像素和磅等长度值来设置字号的绝对大小。

③ 示例

```
gongsi {font-size: xx-large;}
xingming {font-size: 200%;}
dizhi {font-size: 40px;}
```

（5）line-height 属性

① 语法

```
line-height: normal|length
```

② 取值

normal：默认值，默认行高。

length：百分比数字或由浮点数字和单位标识符组成的长度值，允许为负值。其中百分比取值是基于字体的高度尺寸的。

③ 示例

```
gongsi {line-height: 6px;}
gongsi {line-height: 11;}
```

（6）font-family 属性

① 语法

```
font-family: name
font-family: ncursive|fantasy|monospace|serif|sans-serif
```

② 取值

name：字体名称，按优先顺序排列，以逗号隔开。如果字体名称包含空格，则应使用引号括起来。

第二种声明方式使用所列出的字体序列名称，如果使用 fantasy 序列，将提供默认字体序列。

③ 示例

```
gongsi {font-family: Courier, "Courier New", monospace}
```

(7) font 属性

① 语法

```
font: font-style|font-variant|font-weight|font-size|line-height|font-family
```

② 取值

font 属性可以在一条规则中设置语法中的 6 种属性，各属性之间用空格隔开。

③ 示例

```
gongsi {font: italic small-caps 600 12pts/18pts Courier;}
```

2. 设置文本属性

常用的文本属性设置如下。

- word-spacing：设置单词的空距。
- letter-spacing：设置字符间空距。
- text-decoration：设置字符修饰。
- vertical-align：设置字符垂直对齐方式。
- text-transform：设置字符大小写转换格式。
- text-align：设置文本水平对齐方式。
- text-indent：设置字符缩进。

(1) word-spacing 属性

① 语法

```
word-spacing: normal|length
```

② 取值

normal：默认值，设置默认间隔。

length：由浮点数字和单位标识符组成的长度值，允许为负值。

注意：本属性为长度类型属性值，只对英文有效，对汉字不起作用。仅 IE 6.0 以上支持该属性。

③ 示例

```
gongsi {word-spacing: 10;}
dizhi {word-spacing: 20px;}
```

(2) letter-spacing 属性

① 语法

```
letter-spacing: normal|length
```

② 取值

normal：默认值，设置默认间隔。

length：由浮点数字和单位标识符组成的长度值，允许为负值；为负值时则字符产生重叠。

③ 示例

```
gongsi {letter-spacing: 6px}
dizhi {letter-spacing: 1pt;}
```

（3）text-decoration 属性

① 语法

```
text-decoration: none|underline|blink|overline|line-through
```

② 取值

normal：默认值，无装饰。

blink：闪烁。

underline：下划线。

line-through：贯穿线，即删除线。

overline：上划线。

③ 示例

```
gongsi {text-decoration: underline;}
dizhi {text-decoration: underline overline;}
```

（4）vertical-align 属性

① 语法

```
vertical-align: auto|baseline|sub|super|top|text-top|middle|bottom|text-bottom
|length
```

② 取值

auto：根据 layout-flow 属性的值对齐对象内容。

baseline：默认值，与基线对齐。

sub：垂直对齐文本的下标。

super：垂直对齐文本的上标。

top：使元素顶部与父元素最高字符的顶部对齐。

text-top：使元素顶部与父元素字体高度的顶部对齐。

middle：使元素垂直中心与父元素字体高度的一半对齐。

bottom：使元素底部与父元素最低字符的底部对齐。

text-bottom：使元素顶部与父元素字体高度的底部对齐。

length：css2 支持，由浮点数字和单位标识符组成的长度值或百分数，可为负数。定义由基线算起的偏移量，基线对于数值来说为 0，对于百分数则为 0%。目前 IE 尚未实现此参数。

③ 示例

```
gongsi {vertical-align: middle;}
```

（5）text-transform 属性

① 语法

```
text-transform: none|capitalize|uppercase|lowercase
```

② 取值

none：默认值，设置无转换。也可设置为取消原有属性设置。

capitalize：将每个单词的第一个字母转换成大写。

uppercase：将元素中的文本全部转换成大写。

lowercase：将元素中的文本全部转换成小写。

③ 示例

```
gongsi {text-transform: uppercase;}
```

（6）text-align 属性

① 语法

```
text-align: left|right|center|justify
```

② 取值

left：默认值，设置文字左对齐。

right：设置文字右对齐。

center：设置文字居中对齐。

justify：设置文字两端对齐。

③ 示例

```
gongsi {text-align: center;}
```

（7）text-indent 属性

① 语法

```
text-indent: length
```

② 取值

length：百分比数字或浮点数字和单位标识符组成的长度值，允许为负值。

③ 示例

```
gongsi {text-align: center;}
lianxiren {text-indent: 2cm}
xingming {text-indent: 50%}
```

3．设置背景属性

CSS 允许为元素指定一种颜色或一幅图像作为元素内容的背景，与设置背景相关的属性有以下 5 种。

- background-color：设置背景颜色。
- background-image：设置背景图像。
- background-repeat：设置背景图像平铺方式。
- background-attachment：设置背景图像与文本的连接方式。
- background-position：设置背景图像相对于内容的位置。

（1）background-color 属性

① 语法

```
background-color: transparent|color
```

② 取值

transparent：默认值，设置背景色彩透明。

color：指定颜色值。

③ 示例

```
lianxiren{background-color: silver}
dizhi {background-color: rgb(223,71,177)}
xingming {background-color: #98AB6F}
gongsi {background-color: transparent;}
```

（2）background-image 属性

① 语法

```
background-image: none|url(url)
```

② 取值

none：默认值，设置无背景图像。

url(url)：使用绝对或相对的 url 地址指定背景图像。

③ 示例

```
dizhi {background-image: url("comet.jpg");}
xingming {background-image: url("e:\InetPub\mypics\comet.jpg");}
gongsi {background-image: url(http://www.aidayu.com/images/qq.gif);}
lianxiren{background-image: none;}
```

（3）background-repeat 属性

① 语法

```
background-repeat: repeat|no-repeat|repeat-x|repeat-y
```

② 取值

repeat：默认值，使用背景图像在纵向和横向上平铺显示。

no-repeat：设置背景图像不平铺。

repeat-x：设置背景图像仅在横向平铺。

repeat-y：设置背景图像仅在纵向平铺。

③ 示例

```
dizhi {background: url("images/new.gif"); background-repeat: repeat-y;}
xingming{background: url("images/old.gif"); background-repeat: no-repeat;}
```

（4）background-attachment 属性

① 语法

```
background-attachment: scroll|fixed
```

② 取值

scroll：默认值，设置背景图像是随着对象内容滚动。

fixed：设置背景图像固定，不随对象内容滚动。

③ 示例

```
html {background-image: url("bg.jpg"); background-attachment: fixed;}
body {background-attachment: scroll;}
```

（5）background-position 属性

① 语法

```
background-position:length||lentgth
background-position:position||position
```

② 取值

length：百分数或由浮点数字和单位标识符组成的长度值。

position：top|center|bottom|left|center|right。

③ 示例

```
dizhi {background: url("images/qq.gif"); background-position: 35%   80%;}
xingming {background: url("images/qq.gif"); background-position: 35%   2cm;}
ID {background: url("images/qq.gif"); background-position: 3.25in;}
gongsi {background: url("images/qq.gif"); background-position: top right;}
```

4. 设置 display 属性

display 属性用于设置元素的显示方式，display 属性有四个取值：none、block、inline 和 list-item。

- none：用于隐藏元素，使元素在页面中不可见。
- block：将元素显示在块中，块级元素通过换行与其他元素分隔。
- inline：以内联方式显示元素，即元素内容紧接在前一元素内容之后。
- list-item：以列表方式显示元素，是四种方式中最复杂的方式。

在 CSS1 中，元素默认的 display 属性值为 block；CSS2 中的默认值为 inline。在 IE 5.0 中，默认以内联方式显示元素。

display 属性是不能被继承的，如果父元素被隐藏，子元素又没有设定 display 属性，则子元素不会继承父元素的 display 属性（被隐藏），而是以默认的方式显示。

如果选择以 display：list-item 方式显示元素，需要设置与 list-item 相关联的几个属性。

- list-style-type：列表项项目符号图标。
- list-style-image：列表项项目符号图标。
- list-style-position：列表项项目符号图标的显示位置。

5. 设置边框属性

CSS 总是将一个 XML 元素内容当作一个整体对象来进行处理，比如可以加边框，设定边框宽度、高度、页边距、贴边、大小和文字环绕等属性。

（1）设置页边距

页边距可以使用 margin-top、margin-bottom、margin-left、margin-right 分别设置上、下、左和右的页边距。

例如：

```
gongsi{display: block;margin-left: 10px;}
```

可以使用 margin 属性一次设定上下左右页边距，下例将四个页边距都设置为 1 厘米。

例如：

```
xingming{margin: 1cm 1cm 1cm 1cm;}
```

如果同时给定四个 margin 值，则四个值的顺序为上、右、下、左的页边距；如果同时给定三个 margin 值，则第一个值为上页边距，第二个值为左、右边距，第三个值为下页边距；如果给定两个 margin 值，则第一个为上、下页边距，第二个为左、右页边距；如果只有一个值，则用于四个页边距。例如，将四个页边距都设置为 1 厘米，也可以用如下规则：

```
xingming{margin: 1cm}
```

（2）设置边框线

边框线使用 border-style 属性设置，默认值为 none，即没有边框线。CSS 允许为边框设置边框线样式、宽度和颜色等属性。

① border 属性

- 语法

```
border: border-width|border-style|border-color
```

- 取值

该属性是复合属性，具体属性值设置参看各参数对应的属性。

- 示例

```
xingming {border: thick double yellow;}
gongsi {border: dotted gray;}
ID {border: 25px;}
```

② border-style 属性

- 语法

```
border-style: none|hidden|dotted|dashed|solid|double|groove|ridge|inset
|outset
```

- 取值

none：默认值，设置无边框，此值不受任何指定的 border-width 值影响。

hidden：隐藏边框，但 IE 不支持。

dotted：在 MAC 平台上 IE 4.0 以上版本与 Windows 和 UNIX 平台上 IE 5.5 以上版本为点线，否则为实线。

dashed：在 MAC 平台上 IE 4.0 以上版本与 Windows 和 UNIX 平台上 IE 5.5 以上版本为虚线，否则为实线。

solid：实线边框。

double：双线边框，其两条单线与其间隔的和等于指定的 border-width 值。

groove：根据 border-color 的值画 3D 凹槽。

ridge：根据 border-color 的值画 3D 凸槽。

inset：根据 border-color 的值画 3D 凹边。

outset：根据 border-color 的值画 3D 凸边。

- 示例

```
lianxiren {border-style: double groove;}
xingming {border-style: double groove dashed;}
```

③ border-width 属性

- 语法

```
border-width: medium|thin|thick|length
```

- 取值

medium：默认值，设置默认宽度。

thin：设置略小于默认宽度。

thick：设置略大于默认宽度。

length：由浮点数字和单位标识符组成的长度值，不能为负值。

- 示例

```
dizhi{border-style: solid; border-width: thin;}
gongsi {display: block; border-style: solid; border-width: 1px thin;}
ID{border-color: #000000; border-width: 1px 1px 2px 3px;}
```

④ border-color 属性

- 语法

```
border-color:color
```

- 取值

color：设置边框颜色。

- 示例

```
ID {border-color: silver ;red;}
xingming {border-color: silver red RGB(223, 94, 77);}
gongsi {border-color: silver red RGB(223, 94, 77) black;}
```

（3）设置内补丁

内补丁用于指定边框和内部元素的间距，可以使用 padding、padding-top、padding-right、padding-bottom 和 padding-left 5 个属性来指定，属性值为绝对长度或父元素宽度的百分比。

在使用 padding 来同时指定上、下、左、右补丁宽度时，其应用规则也与 margin 一致，例如：

```
xingming{display: block;margin: 1cm;padding-top: 0.5cm 1cm;}
```

该规则使得元素文本块的四周页边距为 1 厘米，上下补丁边宽度为 0.5 厘米，左右补丁宽度为 1 厘米。

6.6   CSS 应用实例

下面以例 6-2 的 lianxirenlist.xml 为源文件，为其设计对应的显示样式，使之不使用表格等 HTML 预定义代码也能显示出同样的效果。通过自己的设计制作，甚至编写出效果更好的显示样式。

例 6-2 的 XML 文档对应的 CSS 样式文件及其解释说明如下。

```
/*   定义联系人列表及其子元素的显示效果  */
Lianxirenlist{
            border: 2px dashed #d5d5d5;
            margin-left: 100px;
            float: none;
            padding: 10px;
            display: block;
            width: 790px;
            background-color: rgb(128,128,0);
}
/*   定义联系人元素的显示效果  */
lianxiren {
            display: block;
            block;width: 100%;
            float: left;
}
/*   定义姓名、ID、EMAIL、地址、电话和公司元素共同的显示效果  */
xingming,ID,EMAIL,dizhi,dianhua,gongsi{
            display: block;
            font-size: 14px;
            font-weight:
            bold;border: 1px solid #d5d5d5;
            background: #f1f1f1;
```

```
        width: 80px;
        height: 22px;
        line-height: 22px;
        margin: 2px;
        text-align: center;
        float: left;
}
/* 定义 ID、EMAIL、地址、公司和电话的显示效果 */
ID,EMAIL,dizhi,gongsi,dianhua{
        background: 208dac;
        font-weight: normal;
}
ID {width: 30px;}
EMAIL{
     width: 160px;
     background-image: url(bb.jpg);
}
dizhi {width: 200px;}
dianhua{width: 150px;}
gongsi{
        width: 120px;
        height: 24px;
        overflow: hidden;}
```

该例显示效果如图 6-5 所示。

图 6-5 使用 CSS 样式美化 XML 源文件综合实例

6.7 实训 按指定格式输出 XML 文档

实训目的：

• 掌握使用 CSS 层叠样式语言美化 XML 源文件的方法。

- 掌握各种 CSS 样式的显示效果。

实训内容:

实训 XML 源文件如下:

```
<?xml version="1.0" encoding="UTF-8" standalone="no"?>
<lianxirenlist>
    <lianxiren>
        <xingming>高利</xingming>
        <ID>001</ID>
        <gongsi>四川成都和讯通信一公司</gongsi>
        <EMAIL>zhangyang@ hexun.com</EMAIL>
        <dianhua> (028)62345678</dianhua>
        <dizhi>
            <jiedao>东大街道</jiedao>
            <chengshi>成都市</chengshi>
            <shenfen>四川省</shenfen>
        </dizhi>
    </lianxiren>
    <lianxiren>
        <xingming>张凤云</xingming>
        <ID>002</ID>
        <gongsi>四川成都和讯通信二公司</gongsi>
        <EMAIL>liqinglian@ hexun.com</EMAIL>
        <dianhua> (028)12345678</dianhua>
        <dizhi>
            <jiedao>南大街</jiedao>
            <chengshi>成都市</chengshi>
            <shenfen>四川</shenfen>
        </dizhi>
    </lianxiren>
</lianxirenlist>
```

实训要求:

- 每个联系人以区块显示,整个区块边框设置为 1 像素,颜色为#990066,最后为区块设置背景图,自行选择一张图片。
- 将姓名元素的内容单独显示一行,背景为#f8f8f8,并将姓名元素字体颜色指定为绿色,加粗显示。
- 将其他元素的内容使用列表形式显示,改变默认列表项目符为其他的指定图片(注意,以上图片格式只能为 gif、jpg 或 png)。
- 为除姓名以外的元素设置下划线,样式为点划线,其颜色为#ff0000。

同类实训示例:

```
lianxirenlist{
    width: 300px;
    margin: 0 auto;
}
```

```
lianxiren{
      border: 1px solid #000;
      margin: 10px;
      width: 100%;
      height: 100px;
      background: url(bg.gif)
}
xingming{
      color: #ff0000;
      background: #f1f1f1;
      font-weight: bold;
      padding: 5px;
      width: 100%;
}
ID,gongsi,EMAIL,dianhua,jiedao,chengshi,shenfen{
      width: 100%;
      padding: 5px;
      display: list-item;
      list-style: none inside url(74.gif);
      border-bottom: 1px dotted #999;
}
```

示例显示效果如图 6-6 所示。

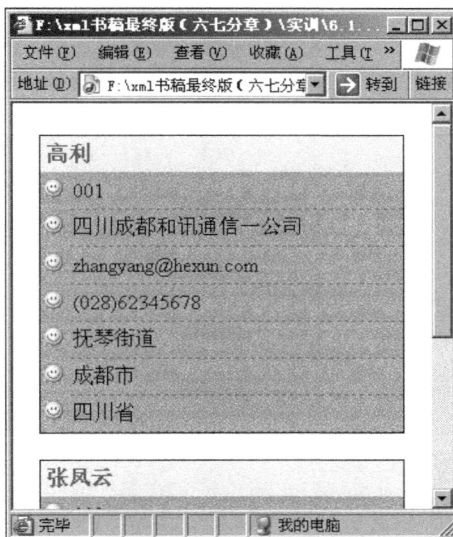

图 6-6　同类实训示例图

习题

一、选择题

1. (　　　)语言能够对 XML 源文件进行美化。(本题多选)

  A. XSL   B. SGML   C. CSS   D. GML

 2. 要将元素显示在块中,应该选择( )显示方式。

  A. display：none B. display：inline C. display：list-item D. display：block

二、填空题

 1. 在 CSS 中,我们可以使用_____、_____、_____和_____四种方法来设置颜色值。

 2. 处理指令"＜? xml：stylesheet＞"的 type 属性用于指定样式表文件的_____,CSS 样式表使用"_____",XSL 样式表使用"_____",href 属性用于指定使用的样式表的_____。

三、简答题

 1. 经常会遇到 CSS 样式表中多个规则的冲突,请问它们使用什么原则决定优先执行顺序?

 2. 在同一规则中,既设置了背景颜色,又设置了背景图片(注图片不透明),那么最终是如何显示的? 如果用于背景的图片是透明的呢?

第 7 章

使用 XSL 格式化 XML

本章目标

- 了解什么是 XSL；
- 了解什么是 XPath；
- 掌握 XPath 及其相关技术；
- 掌握 XSL 模板及使用；
- 掌握 XSL 节点的选择方法；
- 了解 XSL 控制指令；
- 掌握使用 XSL 对 XML 进行转换。

XSL(eXtensible Style Language)是可扩展样式语言，该语言有别于第 6 章介绍的 CSS 层叠样式表语言，它是一个完全符合 XML 语法规范的语言，即 XSL 样式语言自身就是一个结构完整的 XML 文件。XSL 样式语言主要由两个部分组成，即数据转换语言 XSLT(XSL Transformations) 和数据格式化语言 XSL-FO(XSL Formatting Object)。XSLT 转换语言是一种很有用的语言，它能够把数据从一种 XML 表示转变为另一种表示，由于它的这种特性，使它成为现代网络发展的新宠。这种功能使它成为基于 XML 的电子商务、电子数据交换、元数据交换及其他相同数据的不同表示之间进行转换的重要组成部分，使得各种数据的无障碍转换成为现实。

XSLT 样式语言用于设置 XML 源文档中的数据最终在浏览器等显示介质中的显示格式。本章学习如何使用 XSLT 格式化 XML 源文件。

7.1 XSLT 概述

前面提到 XSL 主要由两部分组成，第一部分描述了如何将一个 XML 源文档进行转换，转换为可以浏览或可以输出的格式，即数据转换语言 XSLT(XSL Transformations)；第二部分定义了格式对象 XSL-FO(XSL Formatting Object)，在输出时，首先根据 XML 源文档构造源树，然后根据给定的 XSL 将这个源树转换为可以显示的结果树，这个过程就叫做树的转换，最后再按照 FO 解释结果树，产生一个可以在屏幕上、纸上、语音设备或其他媒体中输出的结果,这个过程就称为格式化。

使用 XSLT 转换 XML 源文档,可以在服务器端进行也可以在客户端进行。本章介绍的 XSL 就是使用 XSLT 进行转换。

1. 服务器端转换模式

在这种模式下,XML 文件下载到浏览器前先转换成 HTML,然后再将 HTML 文件送往客户端进行浏览,这样可以不必考虑客户端浏览器的种类、是否支持等。有两种方式:

- 动态方式,即当服务器接到转换请求时再进行实时转换,这种方式无疑对服务器要求较高。
- 批量方式,实现将 XML 用 XSL 转换好一批 HTML 文件,接到请求后调用转换好的 HTML 文件即可。

2. 客户端转换模式

这种方式是将 XML 和 XSL 文件都传送到客户端,由浏览器使用自己的 XSL 引擎来实时转换处理并显示 XML 源文档中的内容。但前提是浏览器必须支持 XML+XSL。

在实际使用中,利用 XSLT 的数据转换功能,可以把需要共享的数据保存为 XML 源文档,然后根据各种不同的需求把这些数据转换为不同格式的文档,并输出到不同的显示媒体中。当数据发生变化时,只需通过更改这个 XML 源文档即可,不必逐个更改各种格式和各种应用的相关文档。

常用的 XSL 数据转换会使用到两个文档,一个是包含原始数据的 XML 源文档,另一个就是用来进行数据转换的 XSL 样式文档,这里的数据转换也就是格式化。在 XML 源文档中引用相应的 XSL 样式表文档,然后交给 XSLT 转换器进行处理,转换器就会根据 XSL 样式表提供的模板对 XML 源文档进行格式转换,最终得到所需格式的对应结果。

通过使用 XSL 对 XML 源文档进行格式化,可以轻松操纵源文档中的各个元素及属性,能够通过条件选择筛选出符合条件的数据内容,而这在 CSS 中是无法完成的。在一个 XML 源文档中链接相关的 XSL 样式表之后,就可以直接在 IE 浏览器中打开这个 XML 源文档,并按样式表指定的格式显示出文档的内容。如果同时为一个 XML 源文档链接 CSS 样式文件和 XSL 样式表文件,那么 IE 浏览器只会使用 XSL 样式表。如果 XML 源文件没有链接任何样式表,那么,IE 浏览器将使用预设的内建 XSL 样式表来显示这个 XML 源文档,即以一种可以展开或收缩的树状结构来显示 XML 源文档的全部内容。

目前,XSL 是格式化显示 XML 源文档数据的最好选择。XML 所具有的一切优点,XSL 也都具备,在功能上又比 CSS 更为灵活强大,所以在输出显示时,应该首先考虑使用 XSL 进行格式化。

CSS 层叠样式表同样可以格式化 XML 文档,那么有了 CSS 为什么还需要 XSL 呢? 因为 CSS 虽然能够很好地控制输出的样式,比如色彩、字体、大小等,但是它有严重的局限性,就是:

- CSS 不能重新排序文档中的元素。
- CSS 不能判断和控制哪个元素被显示,哪个不被显示。
- CSS 不能统计计算元素中的数据。

　　换句话说,CSS 只适合用于输出比较固定的最终文档。CSS 的优点是简洁,消耗系统资源少;而 XSLT 虽然功能强大,但因为要重新索引 XML 结构树,所以消耗内存比较多。

　　因此,常常将两种技术结合起来使用,比如在服务器端用 XSLT 处理文档,在客户端用 CSS 来控制显示,这样可以减少响应时间。

7.2　XSL 与 XPath

7.2.1　XML 文档结构树

　　在 XML 源文档中的数据都具有非常好的树状层次结构。以下面的实例 XML 源文档为例,其中包含了多条联系人的数据记录信息。

　　【例 7-1】　联系人列表 XML 文档。

```
<?xml version="1.0" encoding="GB2312" standalone="no"?>
<?xml-stylesheet type="text/xsl" href="使用 XSL 显示联系人文档.xsl"?>
<联系人列表>
    <联系人>
        <姓名>张扬</姓名>
        <ID>001</ID>
        <公司>四川成都和讯通信一公司</公司>
        <EMAIL>zhangyang@ hexun.com</EMAIL>
        <电话>(028)62345678</电话>
        <地址>
            <街道>抚琴街道</街道>
            <城市>成都市</城市>
            <省份>四川省</省份>
        </地址>
    </联系人>
    ⋮
    <联系人>
        <姓名>郑燕红</姓名>
        <ID>008</ID>
        <公司>四川成都和讯通信九公司</公司>
        <EMAIL>zhengyanhong@ hexun.com</EMAIL>
        <电话>(028)88888999</电话>
        <地址>
            <街道>人民北路 888 号</街道>
            <城市>成都市</城市>
            <省份>四川省</省份>
        </地址>
    </联系人>
</联系人列表>
```

　　XML 源文档的层次结构在浏览器中很容易看出来，它是一棵倒挂的树，我们称之为 XML 文档结构树。文档中包括了许多组件，有根节点、处理指令、注释和各个元素等，它们都是结构树里面的一个节点。值得注意的是，XML 文档结构树是从代表整个文档的根节点开始的，下面才是 XML 文档声明、根元素等子节点，在根元素之下，则是各层子元素形成的一系列子节点。

　　画出例 7-1 文档的结构树，如图 7-1 所示。

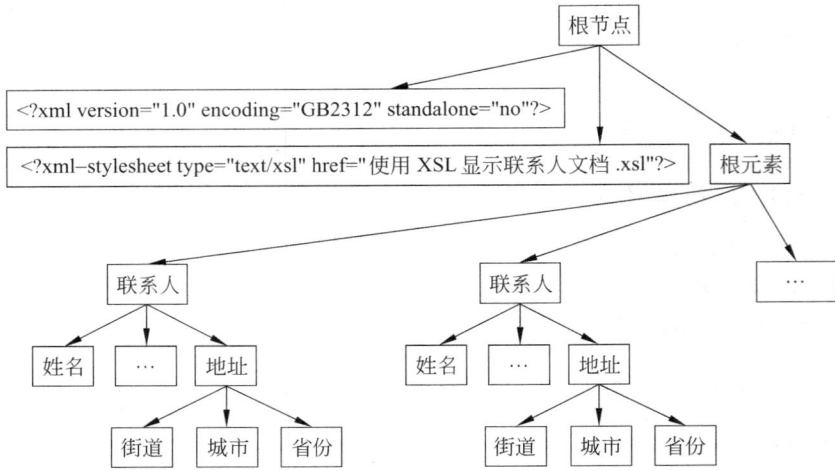

图 7-1　联系人列表 XML 文档的结构树

　　注意：
- 根节点代表整个 XML 文档。
- 根元素特指最上层的一个元素。

7.2.2　一个完整的 XSL 文档实例

　　下面通过一个完整的例子来全面认识一下 XSLT 是如何书写的，如何将 XML 源文档进行转换的。

　　【例 7-2】　通过 XSLT 显示联系人列表 XML 文档。

```
[1]    <?xml version="1.0" encoding="UTF-8"?>
       <xsl:stylesheet version="1.0"
       xmlns:xsl="http://www.w3.org/1999/XSL/Transform"
       xmlns:fo="http://www.w3.org/1999/XSL/Format">
[2]    <xsl:template match="/">
[3]        <html>
           <head>
               <title>使用 XSL 显示联系人列表</title>
               <style>
               th{color:red;}
               </style>
           </head>
           <body>
```

```
[4]                    <xsl:apply-templates select="联系人列表"/>
               </body>
           </html>
[5]    </xsl:template>
[6]    <xsl:template match="联系人列表">
[7]        <table border="1"   align="center">
           <tr>
               <th>姓名</th>
               <th>ID</th>
               <th>公司</th>
               <th>EMAIL</th>
               <th>电话</th>
               <th>地址</th>
           </tr>
[8]        <xsl:apply-templates select="联系人"/>
           </table>
    </xsl:template>
[9]    <xsl:template match="联系人">
       <tr>
[10]        <td><xsl:value-of select="姓名"/>      </td>
           <td><xsl:value-of select="ID"/></td>
           <td><xsl:value-of select="公司"/>      </td>
           <td><xsl:value-of select="EMAIL"/></td>
           <td><xsl:value-of select="电话"/>      </td>
           <xsl:apply-templates select="地址"/>
       </tr>
    </xsl:template>
[11]   <xsl:template match="地址">
        <td>
           <xsl:value-of select="省份"/>
             <xsl:value-of select="城市"/>
           <xsl:value-of select="街道"/>
        </td>
    </xsl:template>
[12]   </xsl:stylesheet>
```

通过在 XML 源文档的序言部分添加如下语句,即可将 XSL 与 XML 源文档进行关联。

```
<?xml-stylesheet type="text/xsl" href="使用 XSL 显示联系人文档.xsl"?>
```

本例的显示效果如图 7-2 所示。当然,还可以通过结合 CSS 样式表语言,把显示效果设计得更美观。

通过简单的分析来初步认识一下 XSL 样式表文档。

[1] 第一行、第二行语句分别是 XML 声明语句、XSL 根元素 stylesheet 及声明其命名空间 xsl 和 fo。

[2] ＜xsl：template match＝"/"＞,根节点的模板定义。根节点使用"/"表示。

[3] 网页内容开始。

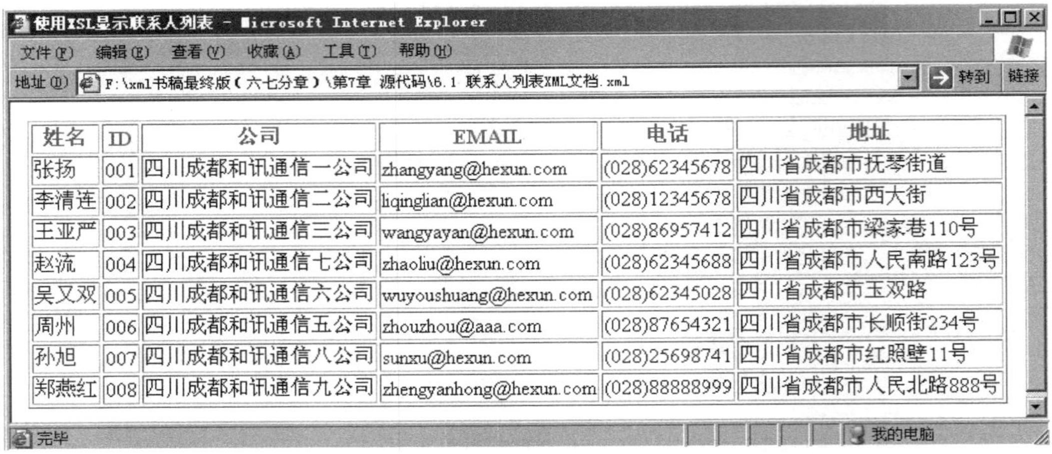

姓名	ID	公司	EMAIL	电话	地址
张扬	001	四川成都和讯通信一公司	zhangyang@hexun.com	(028)62345678	四川省成都市抚琴街道
李清连	002	四川成都和讯通信二公司	liqinglian@hexun.com	(028)12345678	四川省成都市西大街
王亚严	003	四川成都和讯通信三公司	wangyayan@hexun.com	(028)86957412	四川省成都市梁家巷110号
赵流	004	四川成都和讯通信七公司	zhaoliu@hexun.com	(028)62345688	四川省成都市人民南路123号
吴又双	005	四川成都和讯通信六公司	wuyoushuang@hexun.com	(028)62345028	四川省成都市玉双路
周州	006	四川成都和讯通信五公司	zhouzhou@aaa.com	(028)87654321	四川省成都市长顺街234号
孙旭	007	四川成都和讯通信八公司	sunxu@hexun.com	(028)25698741	四川省成都市红照壁11号
郑燕红	008	四川成都和讯通信九公司	zhengyanhong@hexun.com	(028)88888999	四川省成都市人民北路888号

图 7-2 使用 XSL 显示联系人列表文件

[4] <xsl: apply-templates select="联系人列表"/>,应用模板“联系人列表”,相当于子程序的调用。

[5] </xsl: template>,根节点模板定义结束。

[6] <xsl: template match="联系人列表">,“联系人列表”模板定义开始。

[7] 使用表格样式显示 XML 文档中的数据内容。

[8] 使用<xsl: apply-templates>应用 “联系人”模板。

[9] 定义 “联系人”模板。

[10] 在单元格中使用取值指令<xsl: value-of>取出叶子节点“姓名”的值。

[11] 定义“地址”模板。

[12] XSL 文档结束。

注意:

- CSS 不能操纵中文元素名。
- XSL 能够直接操纵 XML 源文档中的中文元素名。

7.2.3 XSL 与 XPath

通过前面的实例,我们可以看出,要将 XML 源文档的数据内容通过 XSLT 显示出来,最重要的部分就是如何获取节点,这里引入一个新概念: XPath。

在前面的学习中已经知道了 XML 是一个完整的树状结构文档。在转换 XML 源文档时,可能需要处理其中的一部分(节点)数据,那么如何查找和定位 XML 文档中的信息呢? XPath 就是一种专门用来在 XML 文档中查找信息的语言,它是 XSLT 的重要组成部分。XSL 样式表也可以分为三个部分,即 XSLT、XPath 和 FO。XPath 属于 XSL,所以通常会将 XSL 语法和 XPath 语法混在一起。如果将 XML 文档看做是一个数据库,XPath 就像 SQL 查询语言;如果将 XML 文档看做 DOS 目录结构,XPath 就像 cd、dir 等目录操作命令的集合。

要学习 XSL,必须先了解和掌握 XPath。

7.3　XPath 及其相关

7.3.1　XPath 节点

在 XPath 里,有 7 种不同的节点类型:

- 根节点或文档节点(Document Node);
- 元素节点(Element Node);
- 属性节点(Attribute Node);
- 文本节点(Text Node);
- 命名空间节点(Namespace Node),可以认为是一种特殊的属性节点;
- 处理指令(PI)节点;
- 注释节点(Comment Node)。

XML 源文档通过这些节点,被处理成节点树状结构。树状结构的"根部"就是文档节点,即根节点。

节点与节点之间有着如下几种非常紧密的关系。

- 上下文节点(Context Node):即在表达式中使用相对路径时的相对路径,类似于 URL 中的相对路径。
- 当前节点(Current Node):在一个表达式运算期间,每一个当前正在被运算的节点称为当前节点。
- 上下文位置(Context Position)及上下文大小(Context Size):即 XPath 表达式中的任一个节点相对于上下文节点的位置。而上下文大小就是表达式中的任一个节点正处在被运算的节点的个数。上下文位置总是小于或等于上下文的大小。

【例 7-3】　书店管理.xml。

```
<?xml version="1.0" encoding="UTF-8 "?>
<bookstore>
<book>
  <title lang="en.">Harry Potter</title>
  <author>J K. Rowling</author>
  <year>2005</year>
  <price>29.99</price>
</book>
</bookstore>
```

例 7-3 中的各种 XPath 节点如下:

- ＜bookstore＞＜/bookstore＞:文档节点;
- ＜author＞＜/author＞:元素节点;
- lang＝"en":属性节点;
- 原子值(Atomic Value):就是不包含子节点和父节点的节点,如 J. K. Rowling 和"en"。

节点间有如下几种关系。

- 父元素(Parent)：每个元素和属性都包含一个"父元素"，且是唯一的。例 7-3 中，book 元素分别是 title、author、year 和 price 元素的父元素。
- 子元素(Children)：元素节点可以包含任意数量的子元素，也可以不包含任何子元素。例 7-3 中，title、author、year 和 price 都是 book 元素的子元素。
- 同类元素或兄弟元素(Siblings)：拥有相同父元素的节点称为同类元素，即兄弟元素。例 7-3 中，title、author、year 和 price 元素都是同类元素。
- 祖先元素(Ancestors)：一个节点的父元素、父元素的父元素，以此类推，统称为该节点的祖先元素。例 7-3 中，title 元素的祖先元素是 book 元素和 bookstore 元素。
- 子孙元素(Descendants)：一个节点的子元素、子元素的子元素，以此类推，统称该元素的子孙元素。例 7-3 中，bookstore 元素的子孙元素是 book、title、author、year 和 price 元素。

7.3.2 XPath 语法

1. 路径表达式

XPath 通过路径表达式，从 XML 源文档中选取节点或节点集，然后配合 XSL 完成各项操作。本节我们一起学习 XPath 语法。

【例 7-4】 书架.xml。

```
<?xml version="1.0" encoding="UTF-8"?>
<bookstore>
<book>
      <title lang="eng">Harry Potter</title>
      <price>29.99</price>
</book>
<book>
  <title lang="eng">Learning XML</title>
  <price>39.95</price>
</book>
</bookstore>
```

对例 7-4 进行节点选取。XPath 使用路径表达式在 XML 源文档中选取节点，该节点是通过一条语句或相应的表达式选取的。表 7-1 列出了最常用的路径表达式。

表 7-1 常用的路径表达式

表 达 式	注 释
nodename	选取某节点中的所有子节点
/	从根节点处选取或选择子元素，返回左侧元素的直接子元素
//	递归下降，不论深度，选取文档中所有匹配的节点，不管该节点位于何处
.	选取当前节点
..	选取当前节点的父节点
@	选取属性

根据例 7-4 我们列出一些路径表达式及其运算后的结果，如表 7-2 所示。

表 7-2　例 7-4 中的部分表达式及结果

路径表达式	结　　果
bookstore	选取 bookstore 元素的所有子节点
/bookstore	选取以 bookstore 元素为根目录的点 注意，如果一个路径以（/）开始，那么它代表该元素的绝对路径！
bookstore/book	选取 bookstore 中的所有 book 子元素
//book	选取文档中的所有 book 元素
bookstore//book	选取文档中所有处于 bookstore 节点下的 book 元素
//@lang	选取所有指定的 lang 属性

2. 条件测试

条件测试是 XPath 中非常重要的一项功能，它可以指定选取节点的范围，给出的条件测试表达式能够完成许多筛选功能。通常使用方括号［　］来指定条件。表 7-3 给出了根据例 7-4 所列出的部分带条件测试的路径表达式及其结果。

表 7-3　带条件测试的路径表达式及其结果

表　达　式	结　　果
/bookstore/book[1]	选取 bookstore 元素下的第一个 book 元素
/bookstore/book[last()]	选取 bookstore 元素下的最后一个 book 元素
/bookstore/book[last()−1]	选取 bookstore 元素下的倒数第二个 book 元素
/bookstore/book[position()<3]	选取 bookstore 元素下的前两个 book 子元素
//title[@lang]	选取所有拥有 lang 属性的 title 元素
//title[@lang='eng']	选取所有 lang 属性值为"eng"的"title"元素
/bookstore/book[price>35.00]	选取 bookstore 元素下所有 price 元素值大于 35.00 的 book 元素
/bookstore/book[price>35.00]/title	选取 bookstore 元素下所有 price 元素值大于 35.00 的 book 节点下的 title 元素

3. 通配符

可以像 DOS 路径一样使用通配符进行未知节点的选择。通过 XPath 通配符选取未知的 XML 元素。表 7-4 和表 7-5 分别为 XPath 通配符及其相应实例。

表 7-4　XPath 通配符

通　配　符	说　　明
*	匹配任意的元素节点
@*	匹配任意的属性节点
node()	匹配所有类型的节点

表 7-5　XPath 通配符实例

表 达 式	结　　果
/bookstore/ *	选取 bookstore 元素中的所有子节点
// *	选取文档中的所有元素
//title[@ *]	选取包含任意属性的所有 title 元素

4. 多路径选取

通过在表达式里添加或符号"|"操作符来达到选取多个路径的目的。表 7-6 给出了选取多个路径的实例。

表 7-6　选取多个路径实例

表 达 式	结　　果
//book/title|//book/price	选取 book 元素中的所有 title 和 price 元素
//title|//price	选取文档中的所有 title 元素和 price 元素
/bookstore/book/title|//price	选取 bookstore 元素中 book 元素所对应的所有 title 元素以及文档中所有的 price 元素

7.3.3　坐标轴

本节通过表 7-7 说明坐标轴。坐标轴是用于定义与当前节点相关的节点集的。

表 7-7　坐标轴

方 法 名 称	结　　果
ancestor	选取当前节点的祖类元素(父类元素,父类元素的父类元素,以此类推)
ancestor-or-self	选取当前节点和当前节点的祖类元素(父类元素,父类元素的父类元素,以此类推)
attribute	选取当前节点的所有属性
child	选取当前节点的所有子类元素
descendant	选取当前节点的所有孙类元素(子类元素,子类元素的子类元素,以此类推)
descendant-or-self	选取当前节点和当前节点的所有孙类元素(子类元素,子类元素的子类元素,以此类推)
following	选取文档中位于当前节点结束标签之后的所有元素
following-sibling	选取位于当前节点后的所有同类节点
namespace	选取当前节点下的所有命名空间节点
parent	选取当前节点的父类节点
preceding	选取文档中所有位于当前节点的起始标签之前的元素
preceding-sibling	选取位于当前节点之前的所有同类节点
self	选取当前节点

在 XML 文档层次结构中,从一层到另一层的移动在一条定位路径中称为一个定位步长。在一个定位路径中,每一个定位步长由"/"分隔开。

一个定位步长由一个轴(Axis)、一个节点测试(Node-test)及一个或多个可选的判断语(Predicate)三部分组成,如 axisname::nodetest[predicate]。其中轴如表 7-6 坐标轴所列。构造定位步长的轴部分,在一个定位路径中轴是一种相互关系,是定位步长本身与上下文节点之间的关系。表 7-8 列出了根据例 7-4 内容所构造的定位步长轴。

表 7-8 定位步长实例

实 例	结 果
child::book	选取当前节点的所有 book 子节点
attribute::lang	选取当前节点的所有 lang 属性值
child::*	选取当前节点的所有子节点
attribute::*	选取当前节点的所有属性值
child::text()	选取当前节点下的所有 text 子节点
child::node()	选取当前节点下的所有子节点
descendant::book	选取当前节点下所有 book 节点的孙类节点
ancestor::book	选取当前节点下所有 book 节点的祖类节点
ancestor-or-self::book	选取当前节点下的所有 book 节点的祖类节点和 book 节点本身
child::*/child::price	选取当前节点下的所有 price 孙类节点

7.3.4 操作符

XPath 路径表达式的返回值包括四种类型:节点集、字符串、布尔值和数字。通过操作符可以运算出结果并加以返回。表 7-9 列出了所有 XPath 操作符及其含义。

表 7-9 XPath 操作符

操作符	说 明	案 例	返 回 值
|	计算两个节点集	//book|//cd	返回所有 book 元素和 cd 元素的节点集
+	加	6 + 4	10
—	减	6—4	2
*	乘	6 * 4	24
div	除	8 div 4	2
=	等于	price=9.80	如结果为 9.80,则返回 true;如结果为 9.90,则返回 false
!=	不等于	price!=9.80	如结果为 9.90,则返回 true;如结果为 9.80,则返回 false
<	小于	price<9.80	如结果为 9.00,则返回 true;如结果为 9.80,则返回 false

续表

操作符	说　明	案　例	返　回　值
<=	小于等于	price<=9.80	如结果为 9.00,则返回 true;如结果为 9.90,则返回 false
>	大于	price>9.80	如结果为 9.90,则返回 true;如结果为 9.80,则返回 false
>=	大于等于	price>=9.80	如结果为 9.90,则返回 true;如结果为 9.70,则返回 false
or	或	price=9.80 or price=9.70	如结果为 9.80,则返回 true;如结果为 9.50,则返回 false
and	与	price>9.00 and price<9.90	如结果为 9.80,则返回 true;如结果为 8.50,则返回 false
mod	求模(即：余数)	5 mod 2	1

7.3.5　常用函数

XPath 函数库包括 4 组共 27 个函数,分为节点集函数组、布尔函数组、数字函数组和字符函数组。

1. 节点集函数组

节点集函数组就是那些传入的参数是节点或节点集的函数,它们的返回值可以是任何类型。

- last():返回当前选中节点集的最后一个节点的位置。值为数字。
- position():返回当前正在被处理的节点在节点集中的位置。值为数字。常用于判断式,如[position()=2],则返回节点集中的第二个节点。
- count(node-set):返回当前选中的节点集的节点数量。
- local-name(node-set):返回传入节点的本地部分。
- namespace-uri(node-set):返回传入节点的命名空间 URI 部分。
- name(node-set):返回传入节点的完整扩展名称,包括命名空间 URI 部分。

2. 布尔函数组

布尔函数组中的函数要求传入的参数是布尔变量,返回值一般也是布尔值。

- boolean(对象):主要用来测试指定的"对象"是否"存在"。如果对象指定的是一个节点集,当且仅当节点集不为空时返回的结果才为真。如果是一个字符串,当且仅当字符串的长度大于 0 时返回值才为真。如果是一个数字,当且仅当数字大于 0 才返回真。其他一切情况返回的结果都是假。
- not(boolean):返回传入值的相反值,即传入真值时返回假,传入假值时返回真。
- true():简单地返回 true。
- false():简单地返回 false。
- lang(str):返回值为布尔值。根据上下文节点是否有 xml：lang 属性,且它的值是否等于"str"来指定。如果有且相等,则返回 true。

3. 数字函数组

数字函数组包括以下函数。

- number(对象):将一个对象转换为数字。
- sum(node-set):把传入的节点集中的每一个节点转换为数字并求和。
- floor(num):提供一个向后的舍入功能。如 floor(5.3)返回 5;floor(5.8)返回 5;floor(−3.3)返回−4。
- ceiling(num):寻找最近的一个整数,大于或等于其参数提供的数字。如 ceiling(5.3)返回 6;ceiling(5.8)返回 6;ceiling(−3.3)返回−3。
- round(num):返回四舍五入的数字结果。如 round(5.3)返回 5;round(5.8)返回 6;round(−3.3)返回−3。

4. 字符串函数组

字符串函数组包括以下函数。

- string():以 XPath 中的四种类型对象为参数,并将其转换为一个字符串。原型:string string(对象)。
- concat():传入参数为字符串或表达式,返回由两个或更多字符串组成的字符串。原型:string concat(string,string,...)。
- substring():返回字符串指定位置的字符串。原型:string substring(string,number,number)。
- contains():用于检查原始的字符串中是否有一个子字符串存在。原型:boolean contains(string,string)。

7.4　XSL 模板及使用

通过前面对 XPath 的学习,从理论上可以获取任意想要得到的节点,那么,如何将这些节点输出? 这就需要使用 XSL,下面就来一起学习 XSL。

7.4.1　XSL 模板指令

模板是 XSL 中非常重要的概念之一,它由<xsl:template>进行模板规则定义。任何一个模板规则都是一个<xsl:template>元素,并且所有 XSL 文档至少包含一个与根节点匹配的模板。也就是说 XSL 样式表的构成就是由一个一个的模板组成的,每一个模板定义了 XML 文档中的特定节点元素的显示信息。这些模板规则将特定的输出与特定的输入相关联,实现数据的转换。每一个<xsl:template>元素都有一个 match 属性,它用于指定要将此模板规则应用于输入文档的哪个节点,match 的属性值就是一个 XPath 路径。

1. XSL 模板定义指令

定义一个 XSL 模板的语法格式如下:

```
<xsl:template match="pattern">
<!--输出内容与输出格式定义-->
</xsl:template>
```

注意：

- ＜xsl:template＞是模板定义的开始标记，＜/xsl:template＞是模板定义的结束标记，在此标记对中出现的是用来具体定义输出内容与输出格式的代码。
- 模板定义开始标记中必须有 match 属性，用来指定 XML 文档结构层次中的特定节点，其值是一个 XPath 路径。在 XML 文档中只有与指定 XPath 匹配的节点元素才会被当前模板执行。如，match 属性值为"/"，则表示与根节点匹配；若 match 属性值为"＊"，则表示与所有元素节点匹配。
- 在 XSL 模板定义中，用来进行输出内容与输出格式定义的代码，其内容可以是字符串、HTML 代码、XML 节点名称，或者 XSL 命令等。
- 在 XSL 模板中，可以直接使用所有合法的 HTML 标记。但要注意，对于 HTML 中的＜br＞和＜hr＞单行元素，必须写成＜br/＞和＜hr/＞的空元素形式。在 XSL 模板中，HTML 标记也是要区分大小写的。这是因为 XSL 本身就是一个结构完整的 XML 文档。
- 模板定义指令不能嵌套，它必须是根元素＜xsl:stylesheet＞的直接子元素。

2. XSL 取值输出指令

上面的模板定义指令中的 match 属性，可以用来指定 XML 文档结构层次中的匹配节点集合，那么要进一步在节点集合中取出某个指定的节点的值，就需要使用 XSL 特定的＜xsl：value-of＞指令，取值并加以输出。该指令通常出现在某个模板定义的输出语句中，其语法是：

```
<xsl:value-of select="element-name"/>
```

语句中的 xsl：value-of 用于输出指定的 XML 元素内容，而 select 属性用来选择某个具体的元素，其属性值其实也是一个 XPath 路径。

在例 7-2 中，使用过的取值输出指令有：

```
<xsl:value-of select="姓名"/>
<xsl:value-of select="ID"/>
<xsl:value-of select="公司"/>
<xsl:value-of select="EMAIL"/>
<xsl:value-of select="电话"/>
```

3. XSL 模板调用命令

如果学过其他程序语言，就会发现模板规则的定义类似于子程序或函数的定义。在某个 XSL 模板规则定义完成之后，就可以在同一个 XSL 文档中调用这个模板。调用一个指定模板的语法是：

```
<xsl:apply-templates select="pattern">
```

注意:

- 模板应用指令一定包含在模板定义指令标记对中,即出现在起始标记＜xsl：template＞和结束标记＜/xsl：template＞之间。注意,模板应用指令一般是一条空元素,要注意有头有尾。

- 解析器在执行本条指令时,会调用所指定的模板逐个处理 XML 文档中每一个相匹配的元素节点。

7.4.2 XSL 模板应用实例

XSL 模板的应用实例在本章开始部分就已经简单介绍了,请大家参看例 7-1 和例 7-2。

例 7-1 联系人列表 XML 文档,是一个需要输出的 XML 文档;例 7-2 通过 XSLT 显示联系人列表 XML 文档,将例 7-1 进行输出。其中例 7-2 中涉及了本节所讲的所有指令内容。

7.5 XSL 节点的访问

7.4 节介绍了 XSL 样式表特有的＜xsl：template＞、＜xsl：value-of＞和＜xsl：apply-templates＞多个指令。在使用这些标记时,不但＜xsl：template＞标记中的 match 需要指定相匹配的 XML 元素节点,在＜xsl：apply-templates＞和＜xsl：value-of＞等标记中的 select 属性也同样需要指定相匹配的 XML 元素节点。为此 XSL 规范提供了多种方式来对 XML 文档中的元素节点进行灵活的指定和选择。

7.5.1 使用元素名访问节点

可以在模板规则中直接使用 XML 源文档的某个元素名来选择相匹配的节点。例如例 7-2 文档中的代码:

```
<xsl:apply-templates select="联系人列表"/>
<xsl:template match="联系人列表">
<xsl:value-of select="姓名"/>
```

第一条指令是调用与"联系人列表"元素匹配的模板;第二条指令是定义与"联系人列表"元素匹配的模板;第三条指令是用来取出所选择的"姓名"元素的内容。

7.5.2 使用匹配符访问节点

1. 匹配根节点

在 XSL 中,第一个出现的模板必须是根节点模板。根节点的匹配使用"/"符号,一般情况下,在 XSL 文档中一定会有这样一句代码:

```
<xsl:template match="/">
```

2. 匹配根元素

根元素就是 XML 文档中最顶层的元素,根元素的匹配符号为"/﹡"。如果想与根元

素匹配,只需如下例:

```
<xsl:template match="/*">
```

例 7-2 中的<xsl:template match="联系人列表">完全可以换成<xsl:template match="/*">,因为联系人列表是该 XML 文档的根元素。

3. 匹配当前节点和父节点

当前节点的匹配符是一个圆点".",当前节点的父节点的匹配符为两个圆点"..",非常类似于操作系统中的当前路径和当前路径的上级路径的表示方法。

```
<xsl:temlate match="联系人">
    <xsl:value-of select="."/>
    <xsl:value-of select=".."/>
</xsl:template>
```

上面的代码根据 XML 源文档例 7-1 生成,代码含义为当前匹配节点为联系人,其上节点,即父节点为根元素联系人列表。

7.5.3 使用路径访问节点

前面学习了 XPath,这里就用 XPath 路径进行节点访问。XML 源文档中某个元素的路径,同样可以采用绝对路径或相对路径的方式来指定。

1. 绝对路径与相对路径

绝对路径是从根节点到指定节点的路径;相对路径是从当前节点到指定节点的路径。单独的"/"代表根节点。在路径中使用"/"作为分隔符号。

例:

绝对路径:/联系人列表/联系人/姓名
相对路径:联系人/姓名

2. 在 match 属性中使用路径

可以在 match 属性中使用路径的方式来选择元素。

例如,<xsl:template match="/联系人列表/联系人/姓名"></xsl:template>,这里使用的是绝对路径,从根节点开始查找。

与之相同的两种写法:

<xsl:template match="姓名"></xsl:template>,这里直接选择了"姓名"元素。

<xsl:template match="*/姓名"></xsl:template>,这里使用了通配符"*"号。

3. 在 select 属性中使用路径

例如,要直接选择"姓名"节点,使用如下模板即可:

```
<xsl:template match="/">
    <xsl:applay-templates select="联系人列表/联系人/姓名"/>
</xsl:template>
```

```
<xsl:template match="姓名">
    <xsl:value-of select="."/><br/>
</xsl:template>
```

4. 使用路径通配符

在路径中允许用"＊"号来代替任意的元素节点名称。如,只知道"联系人列表"的孙子节点"姓名",而不知道儿子节点的名称,就可以使用"＊"号来代替"联系人列表"元素的任意儿子节点,如下所示:

```
<xsl:template match="/">
    <xsl:apply-templates select="联系人列表/＊/姓名"/>
</xsl:template>
```

5. 使用"//"符号

星号只能用于匹配已知结构中的某一层的任意元素,而使用"//"可以直接引用任意层的后代节点。如,可以使用下面的模板来获得"姓名"节点的内容:

```
<xsl:template match="/">
    <xsl:applay-templates select="联系人列表//姓名"/>
</xsl:template>
<xsl:template match="姓名">
    <xsl:value-of select="."/><br/>
</xsl:template>
```

上例中,"联系人列表//姓名"直接选择了"联系人列表"的"姓名"子节点,而不考虑"姓名"与"联系人列表"之间到底有几层关系。

7.5.4 访问指定的元素属性

如果 XML 源文件中有属性,要将它显示出来,就要用到访问元素属性。其语法格式为:

@ 属性名

如,在例 7-1 联系人列表 XML 文档中,ID 元素如果是用联系人的属性表示的,那么,就可以通过使用@ID 来获得联系人的 ID 信息。

```
<xsl:template match="联系人">
    <tr>
        <td><xsl:value-of select="姓名"/>    </td>
        <td><xsl:value-of select="@ ID"/></td>
        <td><xsl:value-of select="公司"/>    </td>
        <td><xsl:value-of select="EMAIL"/></td>
        <td><xsl:value-of select="电话"/>    </td>
        <xsl:apply-templates select="地址"/>
    </tr>
</xsl:template>
```

7.5.5　在模板中选择多个元素

前面所举的例子中，每个模板都是应用某一个选定的节点。XSL 允许一次选择多个节点，只需要使用"|"来选择模板匹配的多个元素即可。

例如，下面的模板应用于"姓名"、"ID"和"公司"。

```
<xsl:template match="姓名|ID|公司">
    <xsl:value-of select="."/>
</xsl:template>
```

还可以使用带路径的选择方式，如：

```
<xsl:template match="联系人/ID | 联系人/姓名 | 联系人/公司">
    <xsl:value-of select="."/>
</xsl:template>
```

7.5.6　使用附加条件访问节点

1. 限制元素必须有子元素

选择具有"公司"子元素的"联系人"元素，可以使用下面的模板：

```
<xsl:template match="联系人[公司]">
    <xsl:value-of select="姓名"/>
</xsl:template>
```

"联系人[公司]"选择的内容是"联系人"元素，而不是"公司"元素，[]中的元素可以是带有路径选择的子元素。

2. 添加多个限制条件

XSL 里面可以使用"|"符号来组合多个限制条件，如：

```
<xsl:template match="联系人[ID|公司]">
    <xsl:value-of select="姓名"/>
</xsl:template>
```

"联系人[ID|公司]"选择的是有"ID"或"公司"子元素的"联系人"节点。

3. 在条件中使用星号

使用星号"*"选择符合条件的任意元素，如：

```
<xsl:template match="*[公司]">
    <xsl:value-of select="姓名"/>
</xsl:template>
```

本模板可以获取带有"公司"子元素的任意元素的"姓名"子元素的内容。

4. 限制子元素必须带有给定属性

在[]中使用@来指定元素带有的属性，如：

```
<xsl:template match="联系人[@ ID]">
    <xsl:value-of select="姓名"/>
```

```
</xsl:template>
```

本模板作用是要选择带有 ID 属性的联系人。

5. 限制元素内容为给定字符串

在[]中使用"＝"号，判断元素内容是否与给定字符串完全匹配，如：

```
<xsl:template match="联系人[ID='008']">
    <xsl:value-of select="."/>
</xsl:template>
```

本模板含义是获得 ID 号为 008 的联系人的所有数据内容。

7.6　XSL 控制指令

7.6.1　判断指令

在 XSL 中，使用＜xsl：if＞标记来作为简单条件判断指令，在标记的属性中会对给定的条件表达式进行判断，条件成立就执行所指定的处理操作，反之不予处理。

1. 以元素名为条件

例如，＜xsl：if test＝"元素名"＞可以将 XML 元素的名称作为判断的条件。

2. 以元素内容为条件

例如，＜xsl：if test＝"元素名[.＝'元素内容']"＞可以以指定的 XML 元素内容作为判断条件。

下面的例子是输出姓名为"张扬"的两个子元素数据：

```
<xsl:if test="姓名='张扬'">
    <xsl:value-of select="ID"/>
    <xsl:value-of select="公司"/>
</xsl:if>
```

3. 以元素属性为条件

可以使用元素的属性为判断的条件，如：

```
<xsl:if test="@ 属性名称='属性值'">
```

7.6.2　多条件判断指令

在 XSL 中，除了可以使用简单的条件判断＜xsl：if＞外，还能进行多条件判断。即使用＜xsl：choose＞和它的两个子元素＜xsl：when＞、＜xsl：otherwise＞的组合就可以用作多个给定条件的判断。多条件判断指令的一般格式如下：

```
<xsl:choose>
    <xsl:when test="pattern">
        <!--处理语句-->
    </xsl:when>
<xsl:when test="pattern">
```

```
    <!--处理语句-->
    </xsl:when>
  ⋮
<xsl:otherwise test="pattern">
    <!--处理语句-->
    </xsl:otherwise>
```

在＜xsl：choose＞标记对之间的每一个条件都由＜xsl：when＞的 test 属性指定，系统按先后顺序进行处理。如果条件成立就执行，假如所有条件都不成立，就执行＜xsl：otherwise＞标记对里的内容。

7.6.3　循环处理指令

如果要对 XML 文档中多个相同节点的数据进行同样的处理和输出，就可以使用循环处理指令＜xsl：for-each＞。这种循环处理指令能够遍历整个 XML 文档结构树，其语法结构如下：

```
<xsl:for-each select="pattern" >
   <xsl:value-of .../>
   ⋮
</xsl:for-each>
```

注意：

- ＜xsl:for-each＞标记中的 select 属性用来选择需要循环输出的节点元素。
- ＜xsl:value-of＞用来具体输出指定的子节点内容。

【例 7-5】　使用 for-each 显示联系人文档．xsl。

```
<?xml version="1.0" encoding="UTF-8"?>
<xsl:stylesheet version="1.0"
    xmlns:xsl="http://www.w3.org/1999/XSL/Transform"
    xmlns:fo="http://www.w3.org/1999/XSL/Format">
  <xsl:template match="/">
    <html>
      <head>
        <title>使用 XSL 显示联系人列表</title>
        <style>
        th{color:red;}
        </style>
      </head>
      <body>
        <xsl:for-each select="联系人列表">
          <table border="1" align="center">
            <tr>
              <th>姓名</th>
              <th>ID</th>
              <th>公司</th>
              <th>EMAIL</th>
              <th>电话</th>
              <th>地址</th>
```

```
                    </tr>
            <xsl:for-each select="联系人">
                <tr>
                    <td>
                        <xsl:value-of select="姓名"/>
                    </td>
                    <td>
                        <xsl:value-of select="ID"/>
                    </td>
                    <td>
                        <xsl:value-of select="公司"/>
                    </td>
                    <td>
                        <xsl:value-of select="EMAIL"/>
                    </td>
                    <td>
                        <xsl:value-of select="电话"/>
                    </td>
                    <xsl:for-each select="地址">
                        <td>
                            <xsl:value-of select="省份"/>
                            <xsl:value-of select="城市"/>
                            <xsl:value-of select="街道"/>
                        </td>
                    </xsl:for-each>
                </tr>
            </xsl:for-each>
        </table>
    </xsl:for-each>
    </body>
    </html>
    </xsl:template>
</xsl:stylesheet>
```

其结果与使用＜xsl：template＞模板显示的一致，如图 7-3 所示。

图 7-3　使用 for-each 显示联系人文档

7.6.4 输出内容的排序

XSL 中可以使用＜xsl：sort＞元素对输出结果进行排序。＜xsl：sort＞元素作为
＜xsl：apply-templates＞或＜xsl：for-each＞的子元素出现，可以对输出元素按指定的关
键字顺序进行排序。其主要属性有以下几个。

- Select 属性：设置排序的关键字。
- Order 属性：设置排序次序，"ascending"为升序，"descending"为降序。
- Data-type 属性：设置排序是否按数字或文本进行，"number"为数字，"text"为
  文本。

默认情况下，以关键字的字母顺序排序。如果有多个＜xsl：sort＞元素，则输出内容
按第一个关键字进行排序，然后按第二个关键字进行排序，以此类推。如果任何元素的比
较结果都是一致的，那么就按源文档的顺序输出。

【例 7-6】 在 for-each 中进行排序显示。

```
<?xml version="1.0" encoding="UTF-8"?>
<xsl:stylesheet version="1.0"
    xmlns:xsl="http://www.w3.org/1999/XSL/Transform"
    xmlns:fo="http://www.w3.org/1999/XSL/Format">
  <xsl:template match="/">
    <html>
      <head>
        <title>使用 XSL 显示联系人列表</title>
        <style>
        th{color:red;}
        </style>
      </head>
      <body>
        <xsl:for-each select="联系人列表">
          <table border="1" align="center">
            <tr>
              <th>姓名</th>
              <th>ID</th>
              <th>公司</th>
              <th>EMAIL</th>
              <th>电话</th>
              <th>地址</th>
            </tr>
            <xsl:for-each select="联系人">
            <xsl:sort order="descending" select="ID"/>
            <xsl:sort   select="公司"/>
              <tr>
                <td>
                  <xsl:value-of select="姓名"/>
                </td>
                <td>
                  <xsl:value-of select="ID"/>
                </td>
```

```
                    <td>
                        <xsl:value-of select="公司"/>
                    </td>
                    <td>
                        <xsl:value-of select="EMAIL"/>
                    </td>
                    <td>
                        <xsl:value-of select="电话"/>
                    </td>
                    <xsl:for-each select="地址">
                        <td>
                            <xsl:value-of select="省份"/>
                            <xsl:value-of select="城市"/>
                            <xsl:value-of select="街道"/>
                        </td>
                    </xsl:for-each>
                </tr>
            </xsl:for-each>
        </table>
    </xsl:for-each>
        </body>
    </html>
    </xsl:template>
</xsl:stylesheet>
```

例 7-6 的结果是，输出的内容先按 ID 降序排列，再按第二关键字"公司"升序排列。

7.7 XSL 应用实例

7.7.1 XML 文档实例

【例 7-7】 价目表 XML 源文件。

```
<?xml version="1.0" encoding="GB2312"?>
<?xml-stylesheet type="text/xsl" href="实例.xsl"?>
<breakfast_menu>
    <food>
        <name>鱼香肉丝</name>
        <price>8 元</price>
        <description>正宗四川口味！</description>
        <state>有售</state>
    </food>
    <food>
        <name>水煮肉片</name>
        <price>25 元</price>
        <description>一道名菜！麻辣鲜香！</description>
        <state>有售</state>
    </food>
    <food>
```

```
        <name>熊掌鲍鱼</name>
        <price>388 元</price>
        <description>引进广州口味,希望大家喜欢!</description>
        <state>暂无</state>
    </food>
    <food>
        <name>天山雪莲煲</name>
        <price>299 元</price>
        <description>来自西域,品味人生!</description>
        <state>暂无</state>
    </food>
    <food>
        <name>麻婆豆腐</name>
        <price>15 元</price>
        <description>还是四川味道对味!</description>
        <state>有售</state>
    </food>
</breakfast_menu>
```

7.7.2　XSL 样式表实例

【例 7-8】 价目表 XSL 文件。

```
<?xml version="1.0" encoding="GB2312"?>
<xsl:stylesheet version="1.0"
     xmlns:xsl="http://www.w3.org/1999/XSL/Transform"
     xmlns:fo="http://www.w3.org/1999/XSL/Format">
<xsl:template match="/">
    <html>
        <body style="font-family:Arial,helvetica,sans-serif;font-size:12pt;
        background-color:#fefefe">
            <xsl:for-each select="breakfast_menu/food">
                <div style="background-color:red;color:white;padding:4px">
                    <span style="font-weight:bold;color:white">
                        <xsl:value-of select="name"/>
                    </span>
            <xsl:value-of select="price"/>
                </div>
            <div style="margin-left:20px;margin-bottom:1em;font-size:10pt">
                    <xsl:value-of select="description"/>
                    <span style="font-style:italic">
                    (<xsl:value-of select="state"/>成都美味馆一楼)
                    </span>
            </div>
            </xsl:for-each>
        </body>
    </html>
</xsl:template>
</xsl:stylesheet>
```

本例最终显示效果如图 7-4 所示。

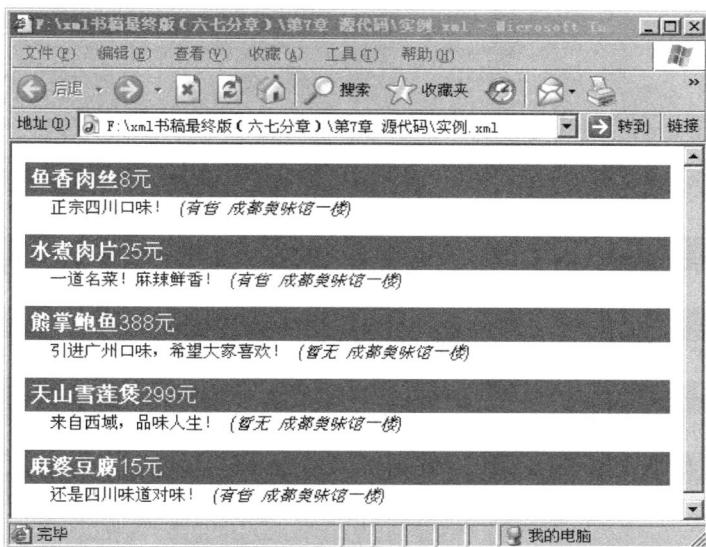

图 7-4　价目表最终显示效果

7.8　实训　按指定格式输出 XML 文档

实训目的：

- 掌握如何使用 XPath。
- 掌握如何书写 XSL 样式表。
- 掌握 XSL 语法。

实训内容：

XML 源文件为例 7-1 中的联系人列表 XML 文档。

实训要求：

- 使用 XSL 模板，将 XSL 源文件以表格形式显示出来。提示：使用＜xsl：template＞
  模板。
- 使用循环语句＜xsl：for-each＞，将 XSL 源文件以表格形式显示出来。考虑一
  下，不用循环语句的嵌套应该如何书写。
- 对输出的 XSL 文档添加条件，只显示姓名为"张扬"的联系人的所有内容。

习题

一、选择题

1. XSL 中用来进行节点取值的指令是（　　　）。

A. ＜xsl：value-of＞   B. ＜xsl：template＞

C. ＜xsl：sort＞   D. ＜xsl：apply-templates＞

2. XML 文档的根节点在 XSL 中使用（   ）来代表。

A. "/"   B. "＊"   C. "@"   D. "?"

3. 要匹配任意名称的元素节点,应使用（   ）符号。

A. "＊"   B. "/＊"   C. "/"   D. "."

二、填空题

1. XSL 样式表本身也是一个结构完整的_____,它由两部分组成：_____和_____。

2. 在 XML 文档中,可以作为结构树中节点的是_____、_____、_____、_____和_____。

3. ＜xsl：value-of＞指令的_____属性用来选择被提取值的节点;＜xsl：template＞元素的_____属性用来匹配指定的节点。

三、简答题

1. 什么是 XPath? 为什么要在 XSL 里使用 XPath?

2. 简述 XSL 文档的基本结构。

3. XSL 技术与 CSS 技术有哪些区别?

第 8 章

访问 XML

本章目标

- 理解应用程序如何访问与操作 XML 文档；
- 理解 DOM 及 DOM 接口；
- 理解 JDOM 类；
- 掌握 XML 文档的创建与修改操作。

XML 文档实质就是一个文本文档，应用程序不能直接对 XML 文档中的数据进行访问和操作，而是首先通过 XML 解析器对 XML 文档进行解析，然后通过 XML 解析器所提供的 DOM 接口或 SAX 接口对解析结果进行操作，从而间接地实现对 XML 文档的访问与操作。

8.1 应用程序如何访问与操作 XML 文档

前面我们已经学习了怎样手动编写一个格式良好的有效的 XML 文档。然而，在实际应用中，很多时候 XML 文档并不是手动编写的，而是根据具体的需要由某段程序代码或者脚本程序动态生成的。那么，应用程序到底是怎样来访问和操作 XML 文档的呢？

由于 XML 文档实质上就是一个文本文件，应用程序不能对其进行直接的访问与操作。因此，我们需要一个不仅能读得懂 XML 文档，而且还应提供相应的 XML 应用程序接口(API)的 XML 解析器。这样通过 XML 解析器作为媒介，将应用程序与 XML 文档结合在一起，从而就能实现应用程序对 XML 文档的访问与操作了。

现在能提供这个功能的 XML 应用程序接口(API)有以下两个。

- 文档对象模式(Document Object Model,DOM)：它是由 W3C 组织制定的一个文档模型规范。
- XML 简单应用程序接口(Simple API for XML,SAX)：它是由 XML_DEV 邮件列表成员开发的。

所以，应用程序访问和操作 XML 文档的过程可以理解为：首先通过 XML 解析器对 XML 文档进行解析,然后应用程序再通过 XML 解析器所提供的 DOM 接口或 SAX 接口对解析结果进行操作,从而间接地实现对 XML 文档的访问与操作(具体如图 8-1 所示)。

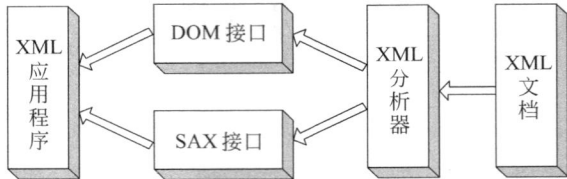

图 8-1　应用程序处理 XML 文档的过程

到这里,我们已经明白了应用程序访问与操作 XML 文档的过程。那么,什么是 XML 解析器呢? XML 解析器应该是这样的一个程序:

- XML 解析器能够对 XML 文档进行分析;
- XML 解析器提供访问 XML 数据的应用程序接口(API);
- XML 解析器可以读取、更新、创建、操作一个 XML 文档。

如何使用一个解析器? 通常情况下,按如下步骤来使用 XML 解析器:

- 创建一个解析器对象;
- 将你的 XML 文档传递给解析器;
- 处理结果。

虽然,在真正构建一个 XML 应用时,将远远超出这些,但是不管你选择的是什么 XML 解析器,都将遵守这个流程。

有以下几种方法来划分解析器的种类。

- 验证或非验证解析器;
- 支持 Document Object Model(DOM)的解析器;
- 支持 Simple API for XML(SAX)的解析器;
- 用特定语言编写的解析器(Java、C++、Perl 等),如用 Java 编写的解析器有 JDOM、Apache 的 Xerces、IBM 的 XML4J 及用 C++ 编写的解析器有 IBM 的 XML4C 等。

通过上面对 XML 解析器的分类,我们不难看出:XML 解析器有很多种。到底哪一种最适合你呢? 这要根据具体的情况来选择。

本章我们将选择两种流行的用于 Java 平台的 XML 解析技术:

- DOM(文档对象模型),一个来自 W3C 的成熟标准;
- JDOM(利用纯 Java 技术实现 Java 简单快捷地操作 XML 文档)。

8.2　DOM

DOM 的全称是 Document Object Model,即文档对象模型。它是 W3C 的标准接口规范,也是各种应用程序用于在 XML 文档中修改和检索元素或内容的应用程序编程接口(API)。同时,W3C 的 DOM 被设计成适合多个平台,可以使用任意编程语言实现。

　　基于 DOM 的 XML 分析器将一个 XML 文档转换成一个对象模型的集合(通常称为 DOM 树)存放在内存里。应用程序通过对这个 DOM 树进行操作,从而实现对 XML 文档数据的操作。通过 DOM 接口,应用程序可以在任何时候访问 XML 文档中的任何一部分数据,因此,这种利用 DOM 接口的机制也被称作随机访问机制。

8.2.1　DOM 节点类型

　　XML 的一个显著特征就是它是结构化的。一个 DOM 接口的 XML 分析器,在对 XML 文档进行分析之后,不管这个文档有多简单或者有多复杂,文档中的信息都会被转换成一棵对象节点树。在这棵节点树中,有一个根节点——Document 节点,所有其他的节点都是根节点的后代节点。DOM 节点树生成之后,就可以通过 DOM 接口访问、修改、添加、删除、创建树中的节点和内容。

1. XML 文档中所有元素所对应于 DOM 树的节点类型

　　XML 文档中的具体元素分别用如表 8-1 所示的对象来表示。

表 8-1　XML 文档转换成 DOM 树后的节点类型对应表

节 点 类 型	描　　述
Document	表示整个文档(DOM 树的根节点)
DocumentFragment	表示一个轻量级的 Document 对象,可用于表示文档的一部分
DocumentType	保存从 DTD 或者 Schema 中得到的关于 XML 文档的信息。虽然存储 DTD 或者 Schema 信息不是必需的,但规范要求存储 DTD 中声明的实体和记号
ProcessingInstruction	表示 XML 文档中的一条处理指令
EntityReference	表示 XML 文档中的一个实体引用的信息
Element	表示一个 XML 文档中的 element(元素)元素
Attr	表示 XML 文档中的一个属性
Text	表示元素或属性中的文本内容
CDATASection	表示一个 XML 文档中的 CDATA 区段(文本不会被解析器解析)
Comment	表示 XML 文档中的注释
Entity	表示 XML 文档中的一个实体信息
Notation	表示一个与 XML 文档相关联的在 DTD 中声明的符号

　　下面我们通过例 8-1 来说明 XML 文档中的元素与 DOM 树的节点之间的对应关系。

　　【例 8-1】　以下 XML 文档将转换为如图 8-2 所示的 DOM 树。

```
<?xml version="1.0" encoding="GB2312" ?>
<学生信息>
  <学生>
      <学号>20013121</学号>
      <姓名 性别="男">草笛痕</姓名>
```

```
    <班级>计信一班</班级>
    <出生年月>1981-07-06</出生年月>
    <家庭地址>四川省成都市××街××号</家庭地址>
  </学生>
</学生信息>
```

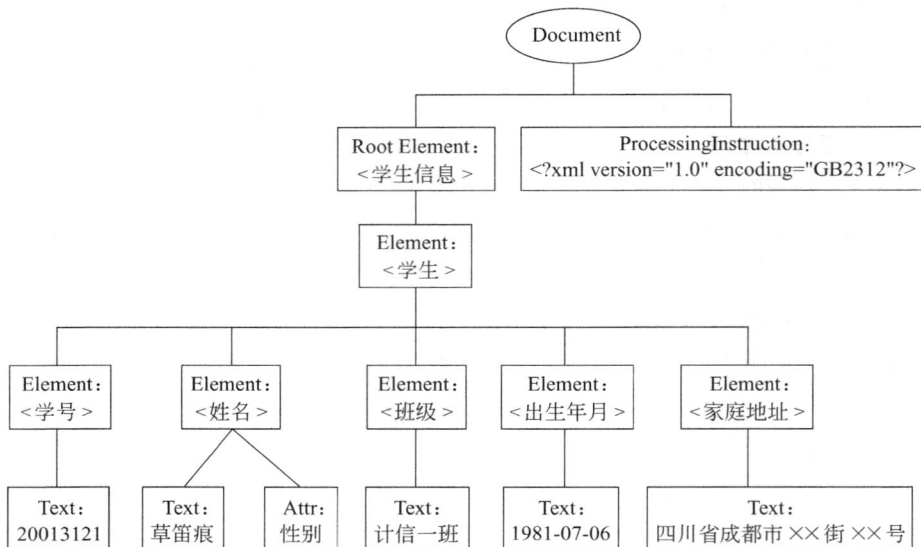

图 8-2   例 8-1 所示 XML 文档的 DOM 树结构

2. 节点类型所能返回的值

现在我们已经知道,DOM 是将 XML 文档转换成相应类型的节点树进行操作的,那么,我们在操作 DOM 树的时候,怎么知道目前所操作的节点是什么类型呢?

表 8-2 列出了对每个节点类型来说,nodeName 和 nodeValue 属性可返回的值。

表 8-2   节点类型返回值对应表

节 点 类 型	nodeName 的返回值	nodeValue 的返回值
Document	#document	null
DocumentFragment	#document fragment	null
DocumentType	doctype 名称	null
EntityReference	实体引用名称	null
Element	元素的实际名称	null
Attr	属性的实际名称	属性值
ProcessingInstruction	target	节点的内容
Comment	#comment	注释文本
Text	#text	元素节点内容

节 点 类 型	nodeName 的返回值	nodeValue 的返回值
CDATASection	♯cdata-section	CDATA 的全部内容
Entity	实体名称	null
Notation	符号名称	null

另外,我们还可以用 nodeType 属性返回当前节点的类型,只不过 nodeType 属性值是用数字代表的类型值,如表 8-3 所示的就是各节点类型的值与其数字值的对照表。

表 8-3 各节点类型的值与其数字值的对照表

节 点 类 型	nodeType 的返回值	含 义
ELEMENT_NODE	1	元素
ATTRIBUTE_NODE	2	属性
TEXT_NODE	3	元素的文本内容
CDATA_SECTION_NODE	4	CDATA 片段
ENTITY_REFERENCE_NODE	5	文档中对 XML 实体的引用
ENTITY_NODE	6	扩展的实体
PROCESSING_INSTRUCTION_NODE	7	XML 处理指令
COMMENT_NODE	8	注释
DOCUMENT_NODE	9	文档元素
DOCUMENT_TYPE_NODE	10	文档类型声明
DOCUMENT_FRAGMENT_NODE	11	文档片段
NOTATION_NODE	12	文档类型声明中用的符号

8.2.2 DOM 对象接口

在 DOM 接口规范中,有四个基本的接口:Document、Node、NodeList 以及 NamedNodeMap。在这四个基本接口中,Document 接口是对文档进行操作的入口,它是从 Node 接口继承过来的。Node 接口是其他大多数接口的父类,像 Document、Element、Attribute、Text、Comment 等接口都是从 Node 接口继承过来的。NodeList 接口是一个节点的集合,它包含了某个节点中的所有子节点。NamedNodeMap 接口也是一个节点的集合,通过该接口,可以建立节点名和节点之间的一一映射关系,从而利用节点名可以直接访问特定的节点。下面就将对这些接口分别作简单的介绍。

1. Document 接口

Document 接口代表了整个 XML 文档,是整棵 DOM 树的根。它提供了对文档中的数据进行访问和操作的入口。

由于所有的其他节点必须在文档内,所以 Document 接口提供了创建其他节点对象的方法,以及操作文档结构及其特性的方法。

在 DOM 树中,Document 接口同其他接口之间的关系如图 8-3 所示。

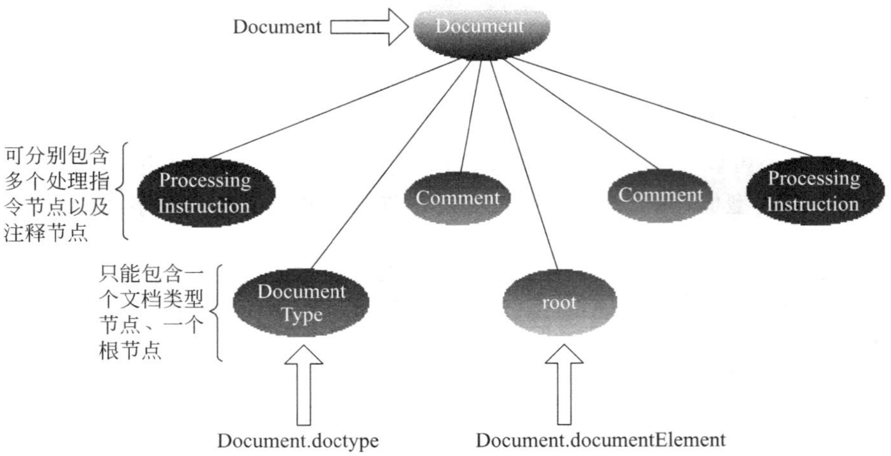

图 8-3   Document 接口同其他接口之间的关系图

由图 8-3 可以看出,Document 节点是 DOM 树中的根节点,也即对 XML 文档进行操作的入口节点。通过 Document 节点,可以访问到文档中的其他节点,如处理指令、注释、文档类型以及 XML 文档的根元素节点等。另外,从图 8-3 我们还可以看出,在一棵 DOM 树中,Document 节点可以包含多个处理指令、多个注释作为其子节点,而文档类型节点和 XML 文档根元素节点都是唯一的。

Document 对象接口的常用方法及说明如表 8-4 所示。

表 8-4   Document 对象接口的常用方法

方 法	说 明
createAttribute(name)	根据指定的名称创建属性节点,并返回 Attr 对象
createElement()	创建一个元素节点,并返回 Element 对象
createCDATASection()	创建一个 CDATA 片段节点,并返回 CDATASection 对象
createComment()	创建一个注释节点,并返回 Comment 对象
createTextNode()	创建一个文本节点,并返回 Text 对象
getDocumentElement()	获得 XML 文档的根元素,并返回 Element 对象
getDoctype()	获得 XML 文档的 DTD 声明对应的 DocumentType 对象

2. Node 接口

Node 接口在整个 DOM 树中具有举足轻重的地位,DOM 接口中有很大一部分接口都是从 Node 接口继承过来的,如 Element、Attr、CDATASection 等接口。在 DOM 树中,Node 接口代表了树中的一个节点。一个典型的 Node 接口如图 8-4 所示。

如图 8-4 所示,Node 接口提供了访问 DOM 树中元素内容与信息的途径,并给出了

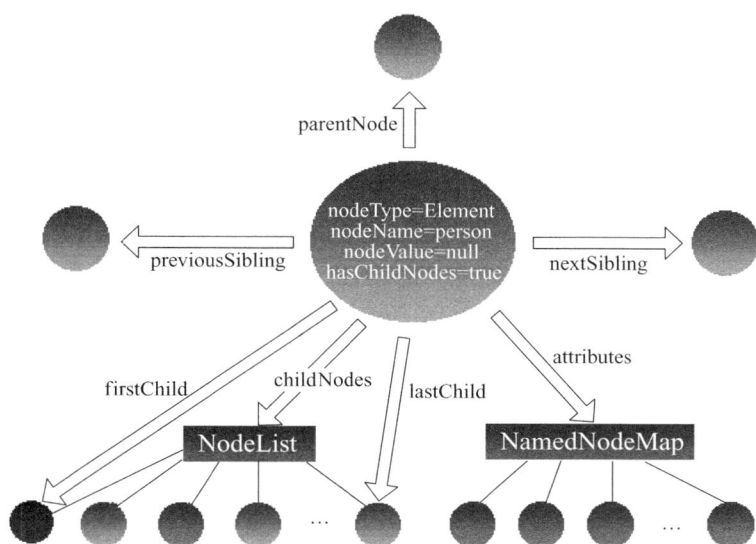

图 8-4　Node 接口示意图

对 DOM 树中的元素进行遍历的支持。

　　Node 接口提供了一些方法,可用于检索节点的基本信息,例如节点名称、节点值、节点属性、与节点相关的子节点等,此外,Node 接口还提供了一些机制来获取和操作有关节点的子节点的信息。

　　Node 对象接口的常用方法及说明如表 8-5 所示。

表 8-5　Node 对象接口的常用方法

方　　法	说　　明
getNodeName()	获得节点的名称
getNodeType()	获得节点的类型
getAttributes()	获得节点的所有属性列表,返回为 NamedNodeMap 对象
getChildNodes()	获得节点的所有子节点,返回为 NodeList 对象
setNodeValue()	修改节点的值
getNextSibling()	获得节点的下一个兄弟节点
getPreviousSibling()	获得节点的上一个兄弟节点
getParentNode()	获得节点的父节点
appendChild()	在子节点列表最后添加一个新的子节点
removeChild()	删除指定的子节点
replaceChild()	用新节点代替指定的节点(修改节点)
getFirstChild()	获得节点的第一个子节点
getLastChild()	获得节点的最后一个子节点

续表

方　法	说　明
getLocalName()	得到节点 Qname 的本地部分
getPrefix()	得到节点的命名空间前缀

3. Element 接口

XML 文档的数据内容包含在它的元素中，同时元素也可以具有提供附加内容信息的属性。Element 接口表示 XML 元素节点，它提供了一些方法来设置或查看作为 Attr 对象或属性值的元素属性。

Element 对象接口的常用方法及说明如表 8-6 所示。

表 8-6　Element 对象接口的常用方法

方　法	说　明
getElementsByTagName()	根据指定的标记名获得节点的所有子孙节点列表，返回 NodeList 对象
getAttribute()	返回指定名称的属性值
getAttributeNode()	返回指定名称的属性节点对象
hasAttribute()	判断是否拥有指定名称的属性
hasChildNodes()	返回元素是否包含子节点
removeAttribute()	删除一个指定的属性
removeAttributeNode()	删除一个指定的属性节点
setAttribute()	添加一个指定名称和值的全新属性
setAttributeNode()	添加一个指定名称的全新属性节点
appendChild()	在指定节点的子节点列表末尾添加一个新的子节点

4. Attr 接口

属性节点对象表示文档中元素的属性，Java API 定义了 Attr 接口来代表元素的属性。在 DOM 中，属性节点不是一个独立的节点，它没有父节点和兄弟节点，同时，DOM 不区分属性的类型，它把所有的属性值看做是字符串。

Attr 对象接口的常用方法及说明如表 8-7 所示。

表 8-7　Attr 对象接口的常用方法

方　法	说　明
getName()	获得属性的名称
getOwnerElement()	获得定义该属性的元素
getValue()	获得属性的值
setValue()	设置属性的值

5. NodeList 接口

NodeList 接口提供了对节点集合的抽象定义,它并不包含如何实现这个节点集的定义。NodeList 用于表示有顺序关系的一组节点,比如某个节点的子节点序列。另外,它还出现在一些方法的返回值中,例如 GetNodeByName。

节点列表可保持其自身的更新。如果节点列表或 XML 文档中的某个元素被删除或添加,列表也会被自动更新,而不需 DOM 应用程序再做其他额外的操作。

NodeList 中的每个 item 都可以通过一个索引来访问,该索引值从 0 开始。

NodeList 对象接口的常用属性和方法如表 8-8 和表 8-9 所示。

表 8-8　NodeList 对象接口的常用属性

属　　性	说　　明
length	返回一个节点列表中的节点数量

表 8-9　NodeList 对象接口的常用方法

方　　法	说　　明
item()	返回节点列表中指定索引号的节点

6. NamedNodeMap 接口

实现了 NamedNodeMap 接口的对象中包含了可以通过名字来访问的一组节点的集合。不过注意,NamedNodeMap 并不是从 NodeList 继承过来的,它所包含的节点集中的节点是无序的。尽管这些节点也可以通过索引来进行访问,但这只是提供了枚举 NamedNodeMap 中所包含节点的一种简单方法,并不表明在 DOM 规范中为 NamedNodeMap 中的节点规定了一种排列顺序。

NamedNodeMap 表示的是一组节点和其唯一名字的一一对应关系,这个接口主要用在属性节点的表示上。

与 NodeList 相同,在 DOM 中,NamedNodeMap 对象也是自动更新的。

8.2.3　Java 操作 XML 文档之 DOM 篇

本小节我们将采用具体的实例来说明 Java 应用程序是怎样使用 DOM 对 XML 文档进行访问与操作的。这里我们选择 Sun 公司自己的 JAXP(Java API for XML Parsing)接口来使用 DOM 操作 XML。并且通过 JAXP,还可以使用任何与 JAXP 兼容的 XML 解析器来对 XML 文档进行解析,如 Apache 的 Xerces 等。

1. 使用 DOM 解析 XML 的步骤

(1) 指定一个解析器(可选)。

(2) 创建一个文档构造器。

(3) 调用解析器解析 XML 文档,并返回一个 Document 对象来代表这个 XML 文档。

(4) 规格化(可选)。

(5) 得到根节点。

(6) 根据具体的应用操作 XML 文档。

以上的 6 个步骤的第(1)和第(4)步是可以省略的。

其中,第(1)步用于指定一个解析器,我们可以用 Java 语言中的 System. setProperty( )方法来设置一个解析器,如果省略了第(1)步,则开发平台将选择本平台下默认提供的 XML 解析器。

第(4)步规格化指的是把 XML 文档中跨多行的文本信息合并到一起,同时清除空文本节点,可以使用 normalize( )方法来实现。

2. 创建一个 XML 文档

现在我们就通过 DOM 来创建 XML 文档。

【例 8-2】 将要创建的 XML 文档结构。

```
<?xml version="1.0" encoding="UTF-8" ?>
<学生信息>
    <学生>
        <学号>20013121</学号>
        <姓名 性别="男">草笛痕</姓名>
        <班级>计信一班</班级>
        <出生年月>1981-07-06</出生年月>
        <家庭地址>四川省成都市××街××号</家庭地址>
    </学生>
</学生信息>
```

在这里我们是要创建一个新的如例 8-2 所示的 XML 文档。所以,我们要利用 JAXP 接口把以上文档的内容构造成一个个的 Java 对象,供程序使用。

第一步要做的就是建立一个解析器工厂,然后利用这个工厂来获得一个具体的解析器对象。JAXP 实现代码如下:

```
DocumentBuilderFactory dbf = DocumentBuilderFactory.newInstance();
```

我们在这里使用 DocumentBuilderFacotry 的目的是为了创建与具体解析器无关的程序,当 DocumentBuilderFactory 类的静态方法 newInstance( )被调用时,它根据一个系统变量来决定具体使用哪一个 XML 解析器。又因为所有的解析器都服从于 JAXP 所定义的接口,所以无论具体使用哪一个解析器,代码都是一样的。所以当在不同的解析器之间进行切换时,只需要更改系统变量的值,而不用更改任何代码,这就是工厂所带来的好处。

第二步要做的就是创建 DocumentBuilder 对象:

```
DocumentBuilder db = dbf.newDocumentBuilder();
```

当获得一个工厂对象后,使用它的静态方法 newDocumentBuilder( )方法可以获得一个 DocumentBuilder 对象,这个对象代表了具体的 DOM 解析器。但具体是哪一种解析器,微软的或者 IBM 的,对于程序而言并不重要。

第三步要做的就是载入相应的 XML 文档,利用这个解析器来对 XML 文档进行解析:

```
Document doc=db.parse("c:/xml/message.xml");
```

DocumentBuilder 的 parse()方法接受一个 XML 文档名作为输入参数,返回一个 Document 对象,这个 Document 对象就代表了一个 XML 文档的树模型。以后所有的对 XML 文档的操作,都与解析器无关,而是直接在这个 Document 对象上进行操作就可以了。而具体对 Document 操作的方法,就是由 DOM 所定义的,在本章的 8.2.2 小节中已经给出了一些 DOM 的常用方法。

下面就是通过 JAXP 接口使用 DOM 来实现例 8-2 所示的 XML 文档的 Java 程序。

```java
package yujie;

import java.io.*;
import org.w3c.dom.*;
import javax.xml.parsers.*;
import org.apache.crimson.tree.XmlDocument;

public class DomCreateXML{
  public static void main(String arge[]){

  try{
      //设置解析器
        System.setProperty("javax.xml.parsers.DocumentBuilderFactory",
        "org.apache.crimson.jaxp.DocumentBuilderFactoryImpl");

      //这里,属于前期准备工作(即创建工厂对象与文档对象)
        DocumentBuilderFactory dbf=DocumentBuilderFactory.newInstance();
        DocumentBuilder bd=dbf.newDocumentBuilder();
        Document doc=bd.newDocument();
     //接下来的工作就是利用 DOM 的方法来实现例 8-2 所示的 XML 文档结构

       //首先,创建 XML 文档的根元素<学生信息>对象
         Element xuesheng=doc.createElement("学生信息");

       //其次,创建<学生信息>的子元素<学生>对象
         Element xs=doc.createElement("学生");

       //然后,创建<学生>元素的所有子元素对象
         Element xh=doc.createElement("学号");//创建<学号>元素并赋值
           xh.appendChild(doc.createTextNode("20013121"));
         //创建<姓名>元素并赋值,同时为<姓名>元素创建一个属性"性别"
         Element xm=doc.createElement("姓名");
           xm.appendChild(doc.createTextNode("草笛痕"));
           xm.setAttribute("性别","男");
         Element bj=doc.createElement("班级");//创建<班级>元素并赋值
           bj.appendChild(doc.createTextNode("计信一班"));
         Element rq=doc.createElement("出生日期");//创建<出生日期>元素并赋值
           rq.appendChild(doc.createTextNode("1998-07-06"));
         Element dz=doc.createElement("家庭地址");//创建<家庭地址>元素并赋值
```

```
        dz.appendChild(doc.createTextNode("四川省成都市××街××号"));
//接下来,就是把这些对象根据具体的要求设置其相应的位置结构
    //设定<学生>元素的内容。注意:这里的先后顺序将决定其在 XML 文档中的先后顺序
    xs.appendChild(xh);
    xs.appendChild(xm);
    xs.appendChild(bj);
    xs.appendChild(rq);
    xs.appendChild(dz);
    //设定<学生信息>的内容,即把<学生>元素加入<学生信息>元素,作为其内容
    xuesheng.appendChild(xs);
    //设定文档的内容,即把<学生信息>元素加入文档对象,作为根元素
    doc.appendChild(xuesheng);

//最后,则是把这棵 DOM 节点树保存为 XML 文档
    File f=new File("Dom_Create_stu.xml");//设置要保存的文件名
    FileOutputStream fs=new FileOutputStream(f);//设置输出流
    ((XmlDocument)doc).write(fs); //保存为 XML 文档
        }catch(Exception e){
            e.printStackTrace();
} } }
```

代码说明:

(1) 在上面的代码中,构造文档对象代码为"Document doc = bd. newDocument();",是因为在本例中我们是创建一个全新的 XML 文档,所以这里并没有用 DocumentBuilder 的 parse()方法载入一个 XML 文档,而是利用 newDocument()方法构造一个全新的空的文档对象。

(2) 由于 Sun 的 JAXP 并没有提供专门的 XML 文档输出方法,所以在上面的代码中,我们采用的是 Apache Crimson 的 XmlDocument 类来实现把 DOM 节点树保存为 XML 文档的。但由于 XmlDocument 并不包含在标准的 JAXP 中,所以我们得去 http://xml. apache. org/dist/crimson/下载 crimson 包,并应该将 crimson. jar 放在 JDK 安装目录\jre\lib\ext 中。同时,还应在程序的开始处引用 XmlDocument 类,如程序中的 import org. apache. crimson. tree. XmlDocument。

3. 修改 XML 文档内容

上面我们通过 JAXP 接口利用 DOM 创建了一个全新的 XML 文档。接下来,我们也通过 JAXP 接口利用 DOM 实现对之上所创建的 XML 文档(Dom_Create_stu. xml)进行如下的修改。

(1) 删除<学生>元素的最后一个子元素<家庭地址>。

(2) 将<班级>元素的内容修改为"软件技术(J2EE)"。

(3) 为<学生>元素重新添加一个新的子元素<联系方式>,并设值为"130×××8760"。

具体的 Java 实现代码如下所示:

```
package yujie;
import java.io.*;
```

```java
import org.w3c.dom. * ;
import javax.xml.parsers. * ;
import org.apache.crimson.tree.XmlDocument;
public class DomEditXML{
  public static void main(String arge[]){
    try{
        //设置解析器
         System.setProperty("javax.xml.parsers.DocumentBuilderFactory",
         "org.apache.crimson.jaxp.DocumentBuilderFactoryImpl");

        //这里,属于前期准备工作(即创建工厂对象与文档对象)
        DocumentBuilderFactory dbf=DocumentBuilderFactory.newInstance();
        DocumentBuilder bd=dbf.newDocumentBuilder();
        Document doc=bd.parse("Dom_Create_stu.xml");//加载要解析的 XML 文档

        //首先,获得根元素<学生信息>
        Element root=doc.getDocumentElement();

        //其次,根据具体的需求将对 XML 进行相应的操作
        if (root.hasChildNodes())//判断根元素<学生信息>是否有子元素
        {
            //获得根元素<学生信息>的第一个子元素
            NodeList xs=root.getElementsByTagName("学生");
            Element xue= (Element)xs.item(0);
            NodeList xs_son=xue.getChildNodes();//获得<学生>元素的所有子元素列表

            //1.删除<学生>元素的最后一个子元素<家庭地址>
            Element addr= (Element)xs_son.item(9);//定位在<家庭地址>元素上
            xue.removeChild(addr);//删除<家庭地址>

            //2.将<班级>元素的内容修改为"软件技术(J2EE)"
            Element old_zy= (Element)xs_son.item(5); //定位在<班级>元素上
                //新建立一个<班级>元素,并为它赋值为"软件技术(J2EE)"
                Element new_zy=doc.createElement("班级");
                Text new_zy_value=doc.createTextNode("软件技术(J2EE)");
                new_zy.appendChild(new_zy_value);
            xue.replaceChild(new_zy, old_zy);//用新创建的<班级>元素替换现有的<班级>

            //3.为<学生>元素添加一个新的子元素<联系方式>,并设值为"130×××8760"
            Element lxfs=doc.createElement("联系方式");
            Text lxfs_valu=doc.createTextNode("130×××8760");
            lxfs.appendChild(lxfs_value);
            xue.appendChild(lxfs);
        }
        //最后,则是把这棵 DOM 节点树保存为 XML 文档
          File f=new File("Dom_Edit_stu.xml");//设置要保存的文件名
          FileOutputStream fs=new FileOutputStream(f);//设置输出流
          ((XmlDocument)doc).write(fs); //保存为 XML 文档
```

```
    }catch(Exception e){
        e.printStackTrace();
    }
}
}
```

代码说明：

（1）由于该例是对一个已经存在的 XML 文档进行修改，所以使用 DocumentBuilder 的 parse()方法来载入一个 XML 文档，这与上例是有一定区别的。

（2）本例中用到了 NodeList 接口，由于 NodeList 接口得到的是一个集合，如果要想定位在这个集合中的某个对象上，应使用 NodeList 接口的 item()方法，如本例中的 Element addr＝(Element)xs_son.item(9)指的就是定位在学生的第 10 个子节点上，即 <家庭地址>元素节点上。

（3）本例中修改某个元素的内容所采用的方法是：重新创建一个具有新内容的同名元素节点去替换现有的旧的元素节点，从而实现修改元素值的功能。

8.3 Java 操作 XML 文档之 JDOM 篇

由于 W3C 的 DOM 并不是针对某一种语言而设计的，而是被设计成一种适合多个平台，可使用任意编程语言实现的模型。W3C 在设计 DOM 模型时，为了通用性，加入了许多繁琐而不必要的细节，这就使得 Java 程序员在开发 XML 的应用程序过程中感到不很方便。之上我们使用的 JAXP 就是 Sun 公司完全遵守 DOM 模型来设计的。

JDOM 作为一种新型的 XML 解析器，它不遵循 DOM 模型，而是建立了自己独立的一套 JDOM 模型，并提供功能强大使用方便的类库，使 Java 程序员可以更为高效地开发自己的 XML 应用程序，并极大地减少了代码量。

那么，什么是 JDOM 呢？

JDOM 是一个开源项目，于 2000 年春天由 Brett McLaughlin 和 Jason Hunter 开发出来，以弥补 DOM 及 SAX 在实际应用中的不足。JDOM 基于树型结构，利用强有力的 Java 语言的诸多特性（方法重载、集合概念以及映射），把 SAX 和 DOM 的功能有效地结合起来，用纯 Java 的技术实现对 XML 文档的解析、生成、序列化以及多种操作，是一种用于在 Java 平台上快速开发 XML 应用程序的 Java 工具包。

JDOM 在设计上尽可能地避免原来操作 XML 过程中的复杂性，它使用 Java 的 new 操作符而不用复杂的工厂化模式，使对象操作变得非常方便。JDOM 的目标是以 20％（或更少）的精力解决 80％（或更多）的 Java 与 XML 问题。

总之，利用 JDOM 处理 XML 文档将是一件轻松、简单的事情。

JDOM 现已被收录到 JSR-102 内，标志着 JDOM 成为 Java 平台组成的一部分，目前其最新版本为 JDOM 1.0。

8.3.1 JDOM 包结构介绍

JDOM 是一个开源的 Java 包，用户可以在 http://www.jdom.org 下载其最新版本，目前最新版本为 JDOM 1.0。表 8-10 所示为 JDOM 1.0 包的组成情况。

表 8-10　JDOM 1.0 包的组成结构

工 具 包	功 能 概 述
org.jdom	包含了所有的 XML 文档要素的 Java 类
org.jdom.adapters	包含了与 DOM 适配的 Java 类
org.jdom.filter	包含了 XML 文档的过滤器类
org.jdom.input	包含了读取 XML 文档的类
org.jdom.output	包含了写入 XML 文档的类
org.jdom.transform	包含了将 Jdom XML 文档接口转换为其他 XML 文档接口
org.jdom.xpath	包含了对 XML 文档 XPath 操作的类

其中，在 org.jdom 包中，提供了用于访问和操作 XML 文档所必需的方法，如 Document、Element、Comment、DocType、Attribute、Text 等 Java 类。我们可以利用这些类创建、遍历、修改 XML 文档。

在 org.jdom.input 中，提供了 SAXBuilder、DOMBuilder，用于读入一个 XML 文档。

在 org.jdom.output 中，提供了 DOMOutputter、XMLOutputter，用于将 JDOM 树以 XML 文档形式输出、打印等。

8.3.2　JDOM 主要使用方法

1. Document 类

Document 作为 JDOM 树的根节点，是操作 XML 文档的入口，提供设置或获取根元素、元素内容、注释、处理指令等的方法。

以下是 JDOM 与 DOM 的 Document 类的操作比较。

JDOM 的 Document 的操作方法：

```
Element root=new Element("Root_name");   //创建根元素 Root_name
root.setText("Hello JDOM!");             //为根元素设置内容
Document doc=new Document(root);         //以根元素建立 XML 文档
```

或者使用如下简单的代码来实现：

```
Document doc=new Document(new Element("Root_name").setText("Hello JDOM!"));
```

DOM 的 Document 的操作方法：

如果使用 DOM 来实现以上的功能，则必须采用工厂化形式来实现，这将变得更为复杂，具体代码如下：

```
//获得文档构造器工厂对象
DocumentBuilderFactory factory=DocumentBuilderFactory.newInstance();
DocumentBuilder builder=factory.newDocumentBuilder();//获得文档构造器
Document doc=builder.newDocument();
Element root=doc.createElement("Root_name");//创建根元素节点 Root_name
```

```
Text text=doc.createText("Hello JDOM!"); //创建文本节点
root.appendChild(text); //把文本节点添加给根元素(实质就是赋值)
doc.appendChild(root); //把根元素节点添加给文档节点,从而构成文档的根元素
```

在这里,我们不难看出 JDOM 大大简化了程序的复杂度,让人更容易理解与接受。

2. Element 类

Element 类提供设置或获取元素的子元素、内容、属性等的方法。JDOM 给了我们很多灵活的实用方法来管理元素。

新建元素及为元素赋值:

```
//新建元素<学生>和<学号>
  Element stu=new Element("学生");
  Element xh=new Element("学号");
//给<学号>赋值
  xh.addContent("20013121");
//给<学生>赋值(将<学号>加入<学生>中,作为<学生>的第一子元素)
  stu.addContent(xh);
```

修改元素的内容:

```
xh.setText("20013122"); //将上面的<学号>元素的值修改为"20013122"
```

浏览 Element 树:

```
Element root=doc.getRootElement();//获得根元素
java.util.List allChildren=root.getChildren();//获得根元素所有子元素的集合
Element noChild= ( Element)allChildren.get(0);//得到子元素集合中的第一个子元素
java.util.List  nChildren=root.getChildren("name");//获得指定名称子元素的集合
Element child=root.getChild("name");//获得 name 子元素
```

删除元素:

```
java.util.List  allChildren = root.getChildren();//获得所有子元素的集合
allChildren.remove(3); //删除第四个子元素
Element root = doc.getRootElement();//获得根元素
root.removeChildren("xuehao"); //删除根元素下名称为"xuehao"的子元素
```

3. XMLOutputter 类

利用 DOM 输出的 XML 文档是一个线性的结构,不具备层次性。而 JDOM 的输出非常灵活,它支持很多种 IO 格式及风格的输出。

```
//输出格式的设定
  Format format=Format.getPrettyFormat();
  format.setIndent("    ");      //设定上一级元素与下一级元素之间的层次结构
  format.setEncoding("GB2312");  //设定输出的字符编码
//写入文件
  XMLOutputter out =new XMLOutputter();  //建立输出流
  out.setFormat(format); //采用以上定义的输出格式
  out.output(doc, new fileOutputStream("DB.xml")); //写入 DB.xml 文档
```

8.3.3 JDOM 与 XML 的具体应用

1. JDOM 的获得与配置

虽然 JDOM 现已被收录到 JSR-102 内,但在目前的 JDK 中并没有加入 JDOM 包,所以需要手动安装 JDOM 包。

在 http://www.jdom.org/官方网站下载最新的 JDOM。下载后,将 jdom.jar 包放在 JDK 存放扩展类的文件夹中(这里假设 JDK 的安装目录为 H:\jdk1.5.0_03,那么应该将 jdom.jar 包放在 H:\jdk1.5.0_03\jre\lib\ext 中),这样在开发环境中就能正确使用 JDOM 的类库了。

2. 利用 JDOM 创建 XML 文档实例

下面,我们来实现如何使用 JDOM 建立一个简单的 XML 文档。将要建立的 XML 结构如例 8-2 所示,具体实现的 JDOM 代码如下所示。

```java
package yujie;
import java.io.*;
import org.jdom.*;
import org.jdom.output.*;
public class CreateXML{
    public static void main(String args[])throws Exception
    {
    //① 创建 XML 文档的根元素<学生信息>
      Element root=new Element("学生信息");
    //② 创建<学生>元素
      Element stu=new Element("学生"); //新建元素<学生>
    //③ 分别创建<学号><姓名><班级><出生年月><家庭地址>元素
        Element xh=new Element("学号"); //创建元素<学号>,并赋值
            xh.addContent("20013121");
        Element xm=new Element("姓名");   //创建元素<姓名>,并赋值
            xm.addContent("草笛痕");
        Attribute xb=new Attribute("性别","男");// 创建属性"性别"
            xm.setAttribute(xb); // 给<姓名>元素添加"性别"属性
        Element bj=new Element("班级");//创建元素<班级>,并赋值
            bj.addContent("计信一班");
        Element date=new Element("出生年月");// 创建元素<出生年月>,并赋值
            date.addContent("1981-07-06");
        Element addr=new Element("家庭地址");// 创建元素<家庭地址>,并赋值
            addr.addContent("四川省成都市××街××号");
    //④ 为<学生>元素添加子元素
        stu.addContent(xh); //将<学号>加入<学生>中, 成为<学生>的第一子元素
        stu.addContent(xm); //将<姓名>加入<学生>中, 成为<学生>的第二子元素
        stu.addContent(bj); //将<班级>加入<学生>中, 成为<学生>的第三子元素
        stu.addContent(date); //将<出生年月>加入<学生>中, 成为<学生>的第四子元素
        stu.addContent(addr); //将<家庭地址>加入<学生>中, 成为<学生>的第五子元素
    //⑤ 为根元素<学生信息>添加子元素
        root.addContent(stu); //将<学生>加入根元素<学生信息>,成为<学生信息>的
                            //子元素
```

```
//⑥ 保存为 XML 文档
    //设定 XML 文档的输出格式
    Format format=Format.getPrettyFormat();
    format.setIndent("    ");    //设定上一级元素与下一级元素之间的层次结构
    format.setEncoding("GB2312");//设定输出的字符编码
    //将文档输出到 JDOM_Create_stu.xml 文件中
    Document doc=new Document(root); //以根元素建立文档
    XMLOutputter out=new XMLOutputter(); //建立输出流
    out.setFormat(format); //引用定义的输出格式
    out.output(doc,new FileOutputStream("JDOM_Create_stu.xml"));
    }
}
```

通过以上的代码,不难看出,使用 JDOM 来创建一个 XML 文档是多么方便、快捷。我们只使用 Java 的 new 操作符来构造新的对象,让对象操作变得非常简单。这比起用工厂化模式操作 XML 更加快捷与灵活。

其中,本例中第③和第④可以合并为以下的便捷方式来实现。

```
stu.addContent(new Element("学号").addContent("20013121"));
stu.addContent(new Element("姓名").addContent("草笛痕").setAttribute("性别",
"男"));
stu.addContent(new Element("班级").addContent("计信一班"));
stu.addContent(new Element("出生年月").addContent("1981-07-06"));
stu.addContent(new Element("家庭地址").addContent("四川省成都市××街××号"));
```

3. 利用 JDOM 修改 XML 文档内容

上面我们通过 JDOM 创建了一个如例 8-2 所示的 XML 文档。接下来,我们通过 JDOM 实现对之上所创建的 XML 文档(JDOM_Create_stu.xml)进行如下的修改。

(1) 删除<学生>元素的最后一个子元素<家庭地址>。

(2) 将<班级>元素的内容修改为"软件技术(J2EE)"。

(3) 为<学生>元素重新添加一个新的子元素<联系方式>,并设值为"130×××
×8760"。

具体实现对 XML 文档修改操作的 JDOM 代码如下所示:

```
package yujie;
import org.jdom.*;
import org.jdom.output.*;
import org.jdom.input.*;
import java.io.*;
import java.util.List;
public class EditXML{
    public static void main(String args[])throws Exception
    {
        //1.建立解析器对象
        SAXBuilder sb=new SAXBuilder();
        //2.构造 Document 对象,并读入 JDOM_Create_stu.xml 文件的内容
        Document doc=sb.build(new FileInputStream("JDOM_Create_stu.xml"));
```

```
        Element root=doc.getRootElement();//获得根元素
        List student=root.getChildren();//获得根元素所有子元素的集合
        Element stu=(Element)student.get(0);//定位在根元素的第一个子元素上
//3.对 XML 文档进行操作
        //① 删除<学生>元素的最后一个子元素<家庭地址>
        stu.removeChild("家庭地址");
        //② 将<班级>元素的内容修改为"软件技术(J2EE)"
        Element bj=stu.getChild("班级");
        bj.setText("软件技术(J2EE)");
        //③ 为<学生>元素重新添加一个新的子元素<联系方式>,并设值为"130×××8760"
        stu.addContent(new Element("联系方式").addContent("130×××8760"));

        //4.输出到 XML 文档
        //设定 XML 文档的输出格式
        Format format=Format.getPrettyFormat();
        format.setIndent("    ");   //设定上一级元素与下一级元素之间的层次结构
        format.setEncoding("GB2312");//设定输出的字符编码
        //将修改后的值保存到 JDOM_Edit_stu.xml 文件中
        XMLOutputter out=new XMLOutputter(); //建立输出流
        out.setFormat(format); //设定输出格式
        out.output(doc, new FileOutputStream("JDOM_Edit_stu.xml"));
    }
}
```

4. JDOM 结合 XPath 对 XML 文档操作

JDOM 1.0 实现了 XPath 功能。但在正式应用之前,还需要把 JDOM 1.0 包中的 jaxen-jdom.jar、saxpath.jar 和 jaxen-core.jar 三个包存放到和 jdom.jar 相同的目录中,这样在程序中才能应用 XPath 功能。

现在就对上面创建的 XML 文档(JDOM_Edit_stu.xml)利用 XPath 来实现对姓名的定位操作。以下就是实现查询姓名为"草笛痕"的性别、出生年月和联系方式的 JDOM 代码。

```
package yujie;
import java.io.*;
import org.jdom.*;
import org.jdom.input.*;
import org.jdom.xpath.*;
public class JDOM_Xpath {
    public static void main(String[] args) throws Exception
    {
    SAXBuilder sb=new SAXBuilder(); //新建立构造器
    Document doc=sb.build(new FileInputStream("JDOM_Edit_stu.xml"));
    Element root=doc.getRootElement(); //获得根元素<学生信息>
     //通过 XPath 直接定位在姓名为"草笛痕"的学生元素上
    Element xs=(Element)XPath.selectSingleNode(root,"//学生[姓名='草笛痕']");
        //显示"草笛痕"的姓名
        System.out.println(xs.getChildText("姓名"));
        //显示"草笛痕"的性别
```

```
Element xm=xs.getChild("姓名");//定位在姓名元素上,因为性别是姓名元素
                                //的属性
System.out.println(xm.getAttributeValue("性别"));
//显示"草笛痕"的出生年月和联系方式
System.out.println(xs.getChildText("出生年月"));
System.out.println(xs.getChildText("联系方式"));
    }
}
```

8.4 实训 在 Java 平台上利用 DOM 或者 JDOM 操作 XML 文档

实训目的:

- 理解应用程序访问与操作 XML 文档的过程。
- 掌握用 DOM 或者 JDOM 创建 XML 文档的步骤。
- 掌握 DOM 或者 JDOM 常用类的使用方法。

实训内容:

(1) 利用 DOM 或者 JDOM 创建如下结构的 XML 文档(文件名为: stu_data.xml)。

```
<?xml version="1.0" encoding="GB2312"?>
<学生作业列表>
   <学生 ID="1">
      <课程名称>XML 语言及应用</课程名称>
      <批次>1</批次>
      <学号>20013121</学号>
      <姓名>草笛痕</姓名>
      <班级>计信(数据库)</班级>
      <作业内容><![CDATA[data]]></作业内容>
   </学生>
</学生作业列表>
```

(2) 利用 DOM 或者 JDOM 修改 stu_data.xml。

具体修改内容:

① 删除<学生>元素的<批准>子元素。

② 将<班级>元素的内容修改为"软件技术(J2EE)"。

③ 为<学生>元素重新添加一个新的子元素<提交时间>,并设值为"2007-10-23 16:8:3"。

习题

一、选择题

1. 制定 DOM 标准的组织是(   )。

　　A. W3C   B. XML_DEV   C. SUN   D. IBM

2. JDOM 只能在(　　)平台上使用。

　　A. XML　　　　　　B. Java　　　　　　　C. C　　　　　　　D. GML

二、填空题

1. SUN 的 JAXP 是完全按照 DOM 标准来制定的_____。

2. 在 DOM 中 NodeList 接口指的是节点集合,可以用它的_____方法来获得某一个节点,并且它的序列是从_____开始的。

三、简答题

1. 什么是 XML 解析器?

2. 分别说明在 DOM 和 JDOM 中怎样构建一个新的文档对象。

第 9 章

XML 综合应用实例——
YuJie. 作业管理系统

本章目标

- 理解软件工程的开发过程；
- 理解基于 B/S 模式的软件开发；
- 理解在 Java 平台上利用 JDOM 操作 XML 的过程。

  XML(eXtensible Markup Language,可扩展置标语言)不仅是一种优秀的元置标语言,也是一种优秀的数据交换格式。用 XML 描述数据具有结构简单、便于人和计算机阅读的双重功效,同时用 XML 描述的数据弥补了关系型数据对客观世界中真实数据描述能力的不足。XML 现在已经成为网络发展的新一代数据描述标准。

  本章从软件工程的角度,以作业管理系统的开发为例,详细介绍一个信息系统的开发过程。本系统的后台采用 XML 来描述数据,前端采用 JDOM 作为访问与操作 XML 的接口,利用 JSP 作为人机交互界面接口的设计。

9.1　系统概述

9.1.1　开发背景

  在传统的教学模式中,学生的作业都是以作业本为单位上交给老师。这无形中就限制了教师只能在学校里批改学生的作业了,因为单独一个班的作业加起来至少也有十几厘米的高度,更何况有的教师还不只上一个班的课程。如果教师想把作业带回家利用业余时间批改,那作业本厚度和重量将成为携带的一大问题。

  所以,随着互联网的普及和信息技术的发展,教学信息化管理尤为重要。

  我们可以通过计算机来实现学生作业信息化的管理,这样不仅可以将作业进行保存,方便以后的素材选取,而且也方便了教师对作业的批改。教师既可以在办公室批改作业,也可以在家里的计算机上批改,甚至在能上网的计算机上就能完成对学生作业的批改。这样不仅有助于提高作业批改质量,而且也为教师节约了很多宝贵的时间。

9.1.2　系统功能

1. 学生进入系统后能完成的操作

- 查看教师布置的作业

在该功能模块中,学生能够查看教师所布置的作业信息。

- 作业的提交

在该功能模块中,学生能够完成上交作业功能。

- 查看作业的批改信息

在该功能模块中,学生能够查看自己作业的批改情况。

- 修改密码

在该功能模块中,学生能够修改自己的系统登录密码。

- 安全退出

该功能实现安全退出系统。

2. 教师登录系统后能完成的操作

- 发布作业信息

在该功能模块中,教师能够向学生布置作业及发布作业的参考答案。

- 批改作业

在该功能模块中,教师能够完成对学生所上交作业的批改。

- 作业情况统计

在该功能模块中,教师能够按作业批次对作业进行统计。

- 修改密码

在该功能模块中,教师能够修改自己的系统登录密码。

- 安全退出

该功能实现安全退出系统。

9.2　系统概要设计

9.2.1　系统实现方案和系统模块划分

1. 系统设计思想

本系统用户分为学生用户和教师用户。用户登录系统时,需要提供用户名和密码并选择用户身份,然后程序要从已有的系统用户资料数据库(XML 文档)中读出用户名和密码,并检验该密码与用户输入的密码是否匹配。只有用户名在数据库(XML 文档)中存在,并且密码正确时,用户才能进入系统,并且自动引导用户到相应的操作界面。

本系统业务本身不是很复杂,因此不把全部业务逻辑封装在 JavaBeans 中,只是把用户检验、数据操作、日期处理封装在 Bean 中,另外把学生用户提交作业抽象成类。页面处理业务逻辑时,按类构造对象和对象操作去实现业务逻辑。

2. 系统架构选择

本系统采用的是浏览器/服务器结构,即浏览器端和 Web 服务器端(B/S 架构),其架构示意图如图 9-1 所示。浏览器端提供用户操作界面,接收用户输入的各种操作信息,向 Web 服务器发出各种操作命令或数据请求,并接收执行操作命令后返回的数据结果,根据业务逻辑进行相关的运算,向用户显示相应的信息。Web 服务器端接收浏览器端的数据或命令请求,并通过 JDOM 操作 XML 文档得到相应的数据集,对数据集进行相应的处理,然后将数据集或处理后的数据集返回给浏览器端。

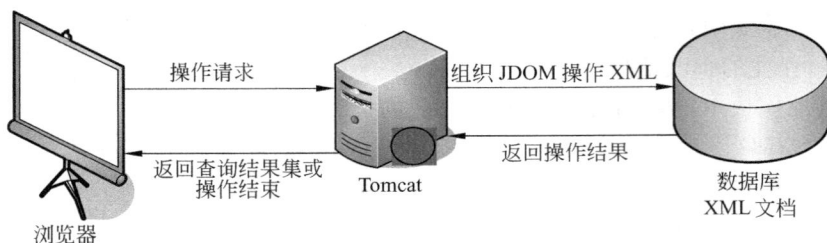

图 9-1　YuJie. 作业管理系统的架构示意图

3. 系统结构设计

本系统分学生操作界面和教师操作界面。YuJie. 作业管理系统结构示意图如图 9-2 所示。

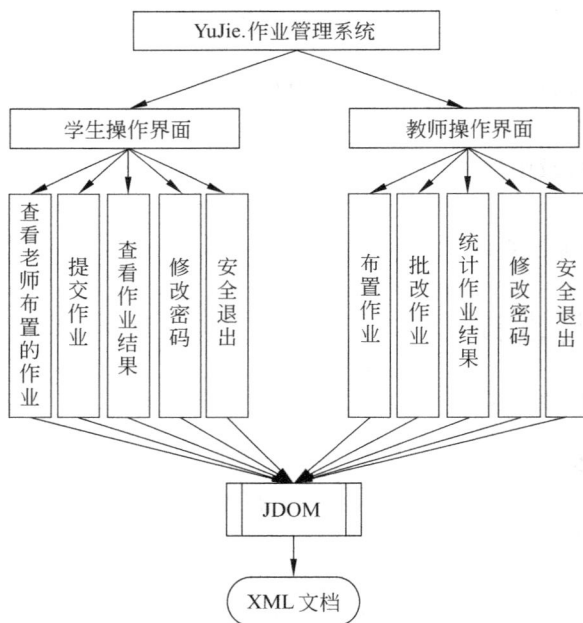

图 9-2　YuJie. 作业管理系统结构示意图

9.2.2　XML 文档结构设计

本系统的所有数据都存放在 XML 文档中,所以现在根据需求,将本系统的 XML 文档结构设计如下。

本系统将使用到 6 个 XML 文档：

- 学生用户(Stu_UserData.xml)
- 教师用户(Tea_UserData.xml)
- 学生信息(Stu_Info.xml)
- 教师信息(Tea_Info.xml)
- 存放学生作业信息(Stu_Data.xml)
- 存放教师布置作业信息(Tea_To_Stu_Work.xml)

其中：学生用户(Stu_UserData.xml)主要记录学生用户的用户名、密码等信息。学生用户(Stu_UserData.xml)结构如清单 9-1 所示。

清单 9-1：Stu_UserData.xml 文档结构。

```
<?xml version="1.0" encoding="UTF-8" ?>
<UserList>
    <User>
        <ID></ID>    <!--登录账号 -->
        <PassWord></PassWord>    <!--密码 -->
        <Type></Type>    <!--用户类型 -->
    </User>
<UserList>
```

教师用户(Tea_UserData.xml)主要记录教师用户的用户名、密码等信息。教师用户(Tea_UserData.xml)结构如清单 9-2 所示。

清单 9-2：Tea_UserData.xml 文档结构。

```
<?xml version="1.0" encoding="UTF-8" ?>
<UserList>
    <User>
        <ID></ID>    <!--登录账号 -->
        <PassWord></PassWord>    <!--密码 -->
        <Type></Type>    <!--用户类型 -->
    </User>
<UserList>
```

学生信息(Stu_Info.xml)主要记录学生的学号、姓名、系、专业、班级、年级等信息。学生信息(Stu_Info.xml)结构如清单 9-3 所示。

清单 9-3：Stu_Info.xml 文档结构。

```
<?xml version="1.0" encoding="UTF-8"?>
<学生信息>
    <学生>
        <ID>20013121</ID>
        <姓名>草笛痕</姓名>
        <系>计算机</系>
        <专业>计信 (数据库)</专业>
        <班级>1</班级>
        <年级>06</年级>
    </学生>
```

</学生信息>

教师信息(Tea_Info. xml)主要记录教师的编号、姓名、系、教研室、个人信息等信息。教师信息(Tea_Info. xml)结构如清单 9-4 所示。

清单 9-4：Tea_Info. xml 文档结构。

```
<?xml version="1.0" encoding="GB2312"?>
<教师信息>
    <教师>
        <ID>luo_sir</ID>
        <员工号>0257</员工号>
        <姓名>罗勇</姓名>
        <系>计算机</系>
        <教研室>软件(二)</教研室>
        <个人描述>1</个人描述>
    </教师>
</教师信息>
```

存放学生作业信息(Stu_Data. xml)主要记录学生上交作业的课程名称、批次、内容等一系列信息。存放学生作业信息(Stu_Data. xml)结构如清单 9-5 所示。

清单 9-5：Stu_Data. xml 文档结构。

```
<?xml version="1.0" encoding="GB2312"?>
<学生作业列表>
    <学生 ID="1">
        <课程名称>XML 语言及相关技术应用</课程名称>
        <教师>罗勇</教师>
        <批次>第 1 批次</批次>
        <学号>20013121</学号>
        <姓名>草笛痕</姓名>
        <班级>计信(数据库)</班级>
        <作业内容>
            <![CDATA[
            111
            ]]>
        </作业内容>
        <提交时间>2008-1-28 18:55:46</提交时间>
        <教师评语/>
        <作业等级/>
        <批改时间/>
    </学生>
</学生作业列表>
```

提示：在存放学生作业信息(Stu_Data. xml)的 XML 文档中作业内容元素的值用CDATA 节的形式给出，主要是避免学生的作业内容中出现 XML 会被认为是非法的字符。

存放教师布置作业信息(Tea_To_Stu_Work. xml)主要记录教师布置的作业信息。存放教师布置作业信息(Tea_To_Stu_Work. xml)结构如清单 9-6 所示。

清单 9-6：Tea_To_Stu_Work. xml 文档结构。

```
<?xml version="1.0" encoding="GB2312"?>
<作业列表>
    <作业 ID="1">
        <教师 编号="luo_sir">罗勇</教师>
        <课程名称>XML 语言及相关技术应用</课程名称>
        <批次>第 1 批次</批次>
        <主题>编写一个格式良好的 XML 文档</主题>
        <作业内容>
            <![CDATA[
                请同学们编写一个描述自己好友信息的格式良好的 XML 文档。
            ]]>
        </作业内容>
        <参考答案/>
        <作业完成时间>2008-2-14</作业完成时间>
        <布置时间>2008-1-30 20:30:17</布置时间>
    </作业>
</作业列表>
```

9.3　系统详细设计

　　在系统的概要结构设计说明中,已解决了实现该系统需求的程序模块设计问题,包括如何把该系统划分成若干个模块,决定各个模块之间的接口,模块之间传递的信息,以及 XML 文档结构、模块结构的设计等。下面将介绍系统的详细设计。

　　在该系统的详细设计阶段,我们将确定应该如何具体地实现所要求的系统,从而在编码阶段可以把这个描述直接翻译成具体的程序语言书写的程序。该阶段主要的工作是根据在需求分析中所描述的数据、功能、运行及性能需求,并依照概要设计所确定的处理流程、总体结构和模块外部设计,设计软件系统的结构、逐个模块的程序描述(包括各模块的功能、性能、输入、输出、算法、程序逻辑及接口等)。

9.3.1　用户登录流程图

　　用户在登录界面输入用户名和密码,并选择用户类型(学生登录、教师登录),单击"登录系统"按钮后,需要根据用户输入的信息,进行用户验证。如果验证用户信息和身份合法,则允许用户登录,并根据用户类型,系统自动跳转到相应的界面。登录模块的操作流程如图 9-3 所示。

9.3.2　学生提交作业模块设计

　　学生填写完作业信息,单击"提交作业"按钮时,需要验证填写的信息的有效性。如果有效,则把学生提交的作业保存到 XML 文档中;如果无效,则提示用户重新填写。学生提交作业模块的流程如图 9-4 所示。

9.3.3　学生查看作业结果模块设计

　　学生进入系统后,单击"查看作业结果"按钮时,系统从存放学生作业的 XML 文档中

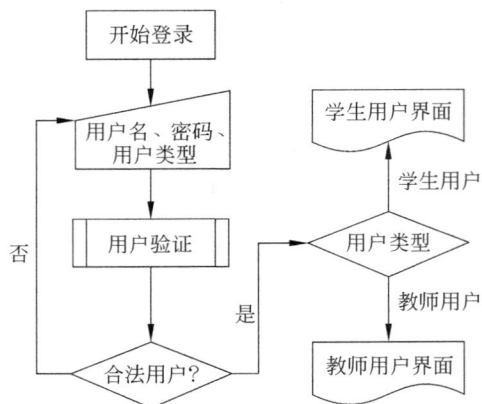

图 9-3   登录模块的操作流程图

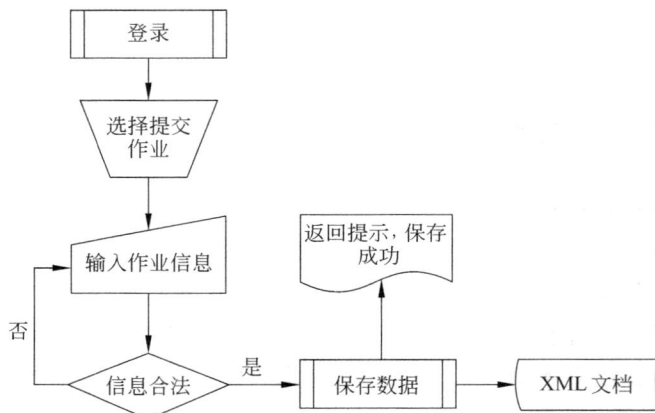

图 9-4   学生提交作业模块的流程图

读出该学生的所有作业列表,这时学生只要单击列表中的"课程名"就会显示出教师对该学生这一批次作业的批改信息。学生查看作业结果模块的流程如图 9-5 所示。

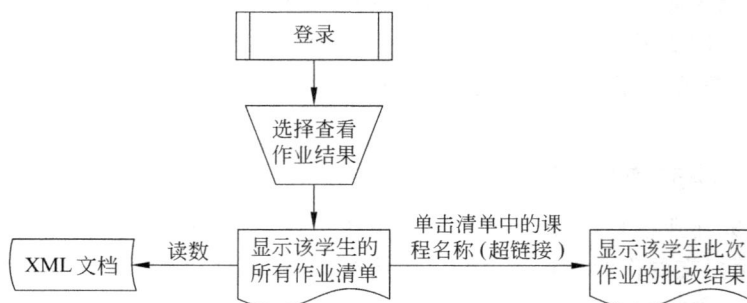

图 9-5   学生查看作业结果模块的流程图

9.3.4　教师发布作业模块设计

教师进入系统后,单击"布置作业"按钮时,系统从存放布置作业的 XML 文档中读出该教师所布置过的作业列表,这时只要教师单击"新建"按钮就会进入发布作业界面,教师填上作业内容后,单击"发布作业"按钮完成作业的发布。教师发布作业模块的流程如图 9-6 所示。

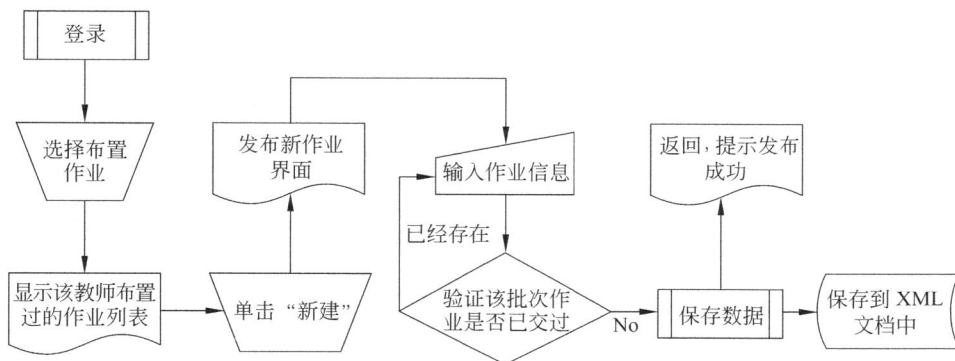

图 9-6　教师发布作业模块的流程图

9.3.5　教师批改作业模块设计

教师进入系统后,单击"批改作业"按钮时,显示所有学生作业列表,只要教师单击学号或者姓名就会进入批改作业界面,教师填上评语和作业等级后,单击"提交评语"按钮完成作业的批改。教师批改作业模块的流程如图 9-7 所示。

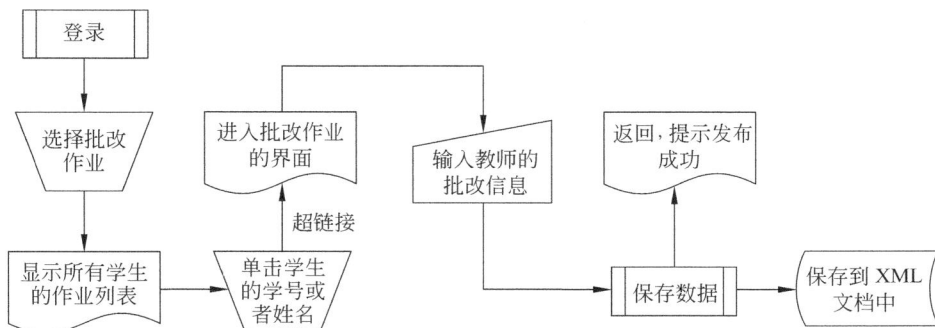

图 9-7　教师批改作业模块的流程图

9.3.6　教师统计作业模块设计

教师进入系统后,单击"统计作业结果"按钮时,进入统计作业结果界面,这时只要教师选择相应的课程和批次后,单击"统计结果"按钮,就会在该界面中显示所选中的课程和批次的已经交作业的学生列表。教师统计作业结果模块的流程如图 9-8 所示。

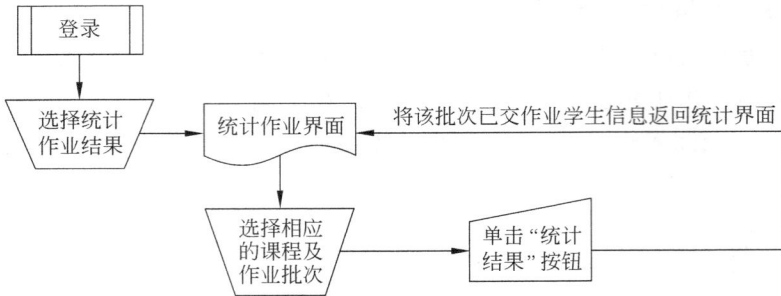

图 9-8　教师统计作业结果模块的流程图

9.3.7　修改密码模块设计

学生和教师进入系统后,单击"修改密码"按钮时,进入修改密码界面,这时只要输入一次原始密码和两次新密码,单击"修改密码"按钮,就会完成对密码的修改。修改密码模块的流程如图 9-9 所示。

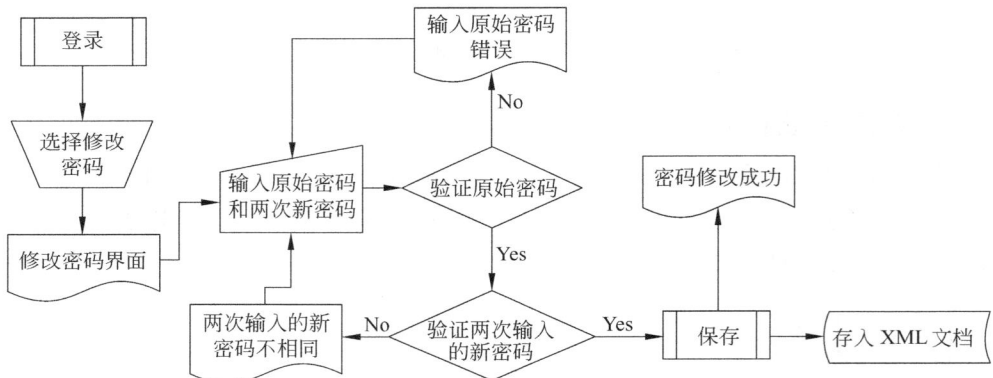

图 9-9　修改密码模块的流程图

9.4　XML 文档的创建和系统编码

到目前为止,YuJie. 作业管理系统编码前的工作全部完成,接下来就应该是根据前面的设计进行详细的编码和创建 XML 文档工作了。

9.4.1　创建项目

采用 Eclipse 创建一个动态 Web 项目,本系统的项目名为 Student。然后在 WebContent 目录下依次创建如图 9-10 所示的系统文件存放结构。

其中各自的功能如表 9-1 所示。

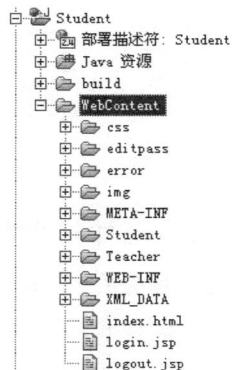

图 9-10　YuJie. 作业管理系统的文件结构

表 9-1 YuJie. 作业管理系统的文件结构

目录/文件	说　　　明	目录/文件	说　　　明
css	存放系统所有的 CSS 样式文件	XML_DATA	存放所有 XML 文档
editpass	存放修改密码的系统文件	Index. html	实现系统的登录界面(主界面)
img	存放该系统所有使用的图片	login. jsp	实现用户登录的文件
Student	存放学生用户所有功能文件	logout. jsp	实现用户安全退出的文件
Teacher	存放教师用户所有功能文件		

其中 WEB-INF 的 META-INF 两个目录是创建项目时系统自动生成的。

9.4.2　创建 XML 文档

由于本例的所有数据都是存放到 XML 文档中的,所以我们需要根据 9.2.2 小节中 XML 文档结构设计在项目的 XML_DATA 目录中为 YuJie. 作业管理系统创建如下的 XML 文档:

- 学生用户(Stu_UserData. xml);
- 教师用户(Tea_UserData. xml);
- 学生信息(Stu_Info. xml);
- 教师信息(Tea_Info. xml);
- 存放学生作业信息(Stu_Data. xml);
- 存放教师布置作业信息(Tea_To_Stu_Work. xml)。

在其创建过程中,只为每一个 XML 文档创建一个空的根元素。

因为其他的元素都是系统运行过程中由程序动态在根元素中写入的,所以这里只需为每一个 XML 文档创建好一个没有内容的根元素就好了。

例如,创建 Stu_Data. xml 文档:

```
<?xml version="1.0" encoding="GB2312"?>
<学生作业列表></学生作业列表>
```

9.4.3　JavaBean 的创建

通过上面对系统文本结构的设计后,接下来将为该项目创建相应的 Java 类。在 Java 资源下的 src 目录下创建一个包 yujie。然后在 yujie 包下面创建如图 9-11 所示的 Java 类。

这些类主要完成日期时间、密码修改、作业提交、密码 MD5 码转换、一系列的测试等功能。

下面分别来介绍这些类的详细编码。

1. DateTime 类

DateTime 类只有一个方法,主要负责取得系统的日期和时间,并以"YYYY-MM-DD HH:MM:CC"格式返回系统的日期和时间。DateTime 类实现的参考

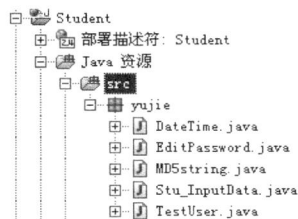

图 9-11　YuJie. 作业管理系统的 Java 类列表

代码如清单 9-7 所示。

清单 9-7：DateTime 类实现的参考代码。

```java
package yujie;
import java.util.*;
public class DateTime {
    public String getDatetime() {
        Calendar calCurrent=Calendar.getInstance();
        int intDay=calCurrent.get(Calendar.DATE); //获得系统日期的日
        int intMonth=calCurrent.get(Calendar.MONTH)+1; //获得系统日期的月
        int intYear=calCurrent.get(Calendar.YEAR); //获得系统日期的年
        int intHour=calCurrent.get(Calendar.HOUR_OF_DAY); //获得系统时间的小时
        int intMinute=calCurrent.get(Calendar.MINUTE); //获得系统时间的分钟
        int intSec=calCurrent.get(Calendar.SECOND);   //获得系统时间的秒数
    return(intYear+"-"+intMonth+"-"+intDay+" "+intHour+":"+intMinute+
        ":"+intSec);
    // 以 YYYY-MM-DD HH:MM:CC 的格式返回
    }
}
```

2．EditPassword 类

EditPassword 类主要负责修改用户登录密码的功能，EditPassword 类实现的参考代码如清单 9-8 所示。

清单 9-8：EditPassword 类实现的参考代码。

```java
package yujie;
import java.io.*;
import org.jdom.Document;
import org.jdom.Element;
import org.jdom.output.Format;
import org.jdom.input.SAXBuilder;
import org.jdom.output.XMLOutputter;
public class EditPassword {
    /**
     * @ author LuoYong
     * @ 输入参数 XMLpath,user,pass,newpass,type
     * @ 返回   intCount（只有返回的 intCount 的值为 1 时,说明密码修改成功!）
     */
    public int editPass(String XMLpath,String user,String pass,String newpass,
                    String type)
    {
    int intCount =0;
    try {
        SAXBuilder sb=new SAXBuilder();           //建立解析器
        //构造一个 Document,读入 xml 文件的内容
        Document doc=sb.build(new FileInputStream(XMLpath));
        Element root=doc.getRootElement();        //得到根元素
        java.util.List stu=root.getChildren();    //得到根元素所有子元素的集合
```

```
            for(int i=0;i<stu.size();i++){
                Element xs=(Element)stu.get(i);      // 得到第一个元素<学号>
                //定位在所满足要求的元素上
                if (xs.getChildText("ID").equals(user) &&
                    xs.getChildText("PassWord").equals(pass) &&
                    xs.getChildText("Type").equals(type))
                 {
                        Element pw =xs.getChild("PassWord");
                        pw.setText(newpass);               //把新密码写入

                    //设置文件输出格式
                    Format format=Format.getPrettyFormat();
                    format.setIndent("    ");
                    format.setEncoding("GB2312");
                    //将数据保存到 XML 文档中
                    XMLOutputter outter=new XMLOutputter(format);//建立输出流
                    //将修改后的结果保存回 XML 文件中
                    outter.output(doc, new FileOutputStream(XMLpath));
                    intCount =1;
                    return intCount;
                            //这里很重要,只要找到满足条件的结果就立即返回,停止循环!
                } else {
                    intCount =-1;
                }
            }
        } catch (Exception e) {
            intCount=-2;
            System.err.println(e.getMessage());
            e.printStackTrace();
        }
    return intCount;
    }
}
```

3. MD5string 类

MD5string 类主要负责将用户输入的密码转换成相应的 MD5 码,MD5string 类实现的参考代码如清单 9-9 所示。

清单 9-9：MD5string 类实现的参考代码。

```
package yujie;
import java.security. * ;
public class MD5string {
    public String  getmd5string(String  csinput)
    {
      byte[]   b,b2;
      StringBuffer buf;
      String  csreturn=null;
      try
```

```
                    {
                    b=csinput.getBytes("iso-8859-1");
                    MessageDigest  md=MessageDigest.getInstance("MD5");
                    md.update(b);
                    b2=md.digest()   ;
                    buf=new StringBuffer(b2.length * 2);
                        for(int nloopindex=0;nloopindex<b2.length;nloopindex++)
                        {
                                    if(((int)b2[nloopindex]& 0xff)<0x10)
                                    {
                                            buf.append("0");
                                    }
                             buf.append(Long.toString((int)b2[nloopindex] & 0xff,16));
                        }
                        csreturn=new  String(buf);
                    }
                    catch (Exception e)
                    {
                            e.printStackTrace();
                            csreturn=null;
                    }
                return  csreturn;
            }
        }
```

4. Stu_InputData 类

Stu_InputData 类主要描述了学生作业的属性以及这些属性值的设置和获取的方法。
Stu_InputData 类实现的参考代码如清单 9-10 所示。

清单 9-10：Stu_InputData 类实现的参考代码。

```
package yujie;
/* *
 * 描述学生提交作业的相关属性的方法
 */
public class Stu_InputData {
    private String stu_ID;                  //学号
    private String stu_Name;                //姓名
    private String stu_Classes;             //班级
    private String stu_Courses;             //课程
    private String order;                   //批次
    private String teacher;                 //教师
    private String stu_Content;             //作业内容

    public Stu_InputData() {
    }
    public String getStu_ID() {             //获得学生学号的方法
        return stu_ID;
    }
```

```java
    public void setStu_ID(String sid) {          //给学生学号赋值的方法
        this.stu_ID=sid;
    }
    public String getStu_Name() {                //获得学生姓名的方法
        return stu_Name;
    }
    public void setStu_Name(String sname) {  //给学生姓名赋值的方法
        this.stu_Name=sname;
    }
    public String getStu_Classes() {
        return stu_Classes;
    }
    public void setStu_Classes(String sclasses) {
        this.stu_Classes=sclasses;
    }
    public String getOrder(){
        return order;
    }
    public void setOrder(String or){
        this.order=or;
    }
    public void setTeacher(String tea){
        this.teacher=tea;
    }
    public String getTeacher(){
        return teacher;
    }
    public void setStu_Courses(String Courses){
        this.stu_Courses=Courses;
    }
    public String getStu_Courses(){
        return stu_Courses;
    }
    public String getStu_Content() {
        return stu_Content;
    }
    public void setStu_Content(String scontent) {
        this.stu_Content=scontent;
    }
}
```

5．TestUser 类

TestUser 类主要有四个方法，分别是完成对用户合法性的验证、获得用户名、学生作业批次验证、教师布置作业批次的验证等功能。TestUser 类实现的参考代码如清单 9-11 所示。

清单 9-11：TestUser 类实现的参考代码。

```java
package yujie;
```

```
import org.jdom.*;
import org.jdom.input.*;
import java.io.*;
import java.util.List;
import org.jdom.xpath.XPath;
public class TestUser {
  //测试用户的合法性
  public int getUser(String XMLpath,String user,String pass,String type)
  {
    int intCount =0;
    try {
        SAXBuilder sb=new SAXBuilder();              //建立解析器
        //构造一个 Document,读入 XML 文件的内容
        Document doc=sb.build(new FileInputStream(XMLpath));
        Element root=doc.getRootElement();        //得到根元素
        java.util.List stu=root.getChildren();    //得到根元素所有子元素的集合
          for(int i=0;i<stu.size();i++)
          {
            Element xs= (Element)stu.get(i);         // 循环定位在根元素的子元素上
            if (xs.getChildText("ID").equals(user) &&
                xs.getChildText("PassWord").equals(pass) &&
                xs.getChildText("Type").equals(type))
                {//定位在所满足要求的元素上
                  intCount =1;
                  return intCount;                 //返回 intCount 的值
                } else {
                  intCount =-1;
                }
          }
    } catch (Exception e) {
        intCount=-2;
        System.err.println(e.getMessage());
        e.printStackTrace();
    }
    return intCount;
  }

  //根据用户的登录号,获得其用户名
  public String getName(String XMLpath,String userID)
  {
    String UserName="";
    try {
        SAXBuilder sb=new SAXBuilder();
        Document doc=sb.build(new FileInputStream(XMLpath));
        Element root=doc.getRootElement();   //得到根元素
        java.util.List stu=root.getChildren();
          for(int i=0;i<stu.size();i++)
          {
              Element xs= (Element)stu.get(i);
```

```
                    if (xs.getChildText("ID").equals(userID))
                    {
                            UserName =xs.getChildText("姓名");
                            return UserName;
                    } else {
                        UserName ="没找到此用户 ID";
                    }
                }
        } catch (Exception e) {
          UserName="用户 ID 可能有错!";
                System.err.println(e.getMessage());
                e.printStackTrace();
        }
        return UserName;
}
//对用户作业批次的检验
public String getYes(String XMLpath,String Stu_id,String pc)
{
        String test="";
        try {
                SAXBuilder sb=new SAXBuilder();
                Document doc=sb.build(new FileInputStream(XMLpath));
                Element root=doc.getRootElement();   //得到根元素
                List lista =XPath.selectNodes(root,"/学生作业列表/学生 [学号 ="+ Stu_
                                            id+"]");
                for(int i=0;i<lista.size();i++)
                {
                  Element xs=(Element)lista.get(i);
                  if (xs.getChildText("学号").equals(Stu_id)&&
                      xs.getChildText("批次").equals(pc))
                  {
                            test ="yes";
                            return test;
                  }
                }
        } catch (Exception e) {
                System.err.println(e.getMessage());
                    e.printStackTrace();
        }
    return test;
}
//对教师布置作业批次的检验
public String getZypcok(String xmlpath,String tea_no,String kcm,String zypc){
        String ok="";
        try {
                SAXBuilder sb=new SAXBuilder();
                Document doc=sb.build(new FileInputStream(xmlpath));
                Element root=doc.getRootElement();
                List list=XPath.selectNodes(root,"/作业列表/作业 [教师 [@ 编号 ="+"'"+
```

```
                    tea_no+"'"+"]]");
              for(int i=0;i<list.size();i++){
                    Element xs=(Element)list.get(i);
                    if (xs.getChildText("课程名称").equals(kcm)&&
                        xs.getChildText("批次").equals(zypc))
                    {
                            ok ="yes";
                          return ok;
                     }
              }
        } catch (Exception e) {
          System.err.println(e.getMessage());
              e.printStackTrace();
        }
      return ok;
    }
  }
```

9.5　系统功能模块编码设计

接下来我们将详细给出系统相应功能模块设计的参考代码。

9.5.1　用户登录编码

用户登录为学生用户和教师用户提供登录界面,同时根据用户的输入信息对用户的合法性做出验证,只有合法用户才能进入系统。如果是合法用户,则根据用户的类型自动进入到相应的界面。

用户登录的界面如图 9-12 所示,相应的代码如清单 9-12 和清单 9-13 所示。

清单 9-12：YuJie. 作业管理系统用户登录界面代码(index. html)。

```html
<!DOCTYPE HTML PUBLIC "-//W3C//DTD HTML 4.01 Transitional//EN">
<html>
<head>
<meta http-equiv="Content-Type" content="text/html; charset=utf-8">
<title>作业提交系统用户登录</title>
<link rel="stylesheet" href="css/index.css"></link>
</head>
<body>
<table width="75%" height="456" border="0" align="center">
  <tr>
  <td height="104" align="center">
    <p><img src="img/logo1.jpg" width="382" height="78"></p><p> </p>
  </td>
  </tr>
  <tr>
    <td width="96%" height="328" align="center" valign="middle">
      <form name="login" action="login.jsp"  method="get">
        <p> </p>
```

图 9-12　YuJie. 作业管理系统用户登录界面

```html
<table width="200" border="0" cellspacing="0" cellpadding="0">
  <tr>
    <td colspan="4">
    <img src="img/login_top.gif" width="482" height="78"></td>
  </tr>
  <tr>
    <td width="130" height="57">
      <img src="img/1.jpg" width="130" height="65"></td>
    <td width="109" background="img/2.jpg">
    <input name="user" type="text" class="input_login" size="15"></td>
    <td width="94"><img src="img/3.jpg" width="94" height="65"></td>
    <td width="149" background="img/4.jpg">
    <input name="password" type="password" class="input_login" size="15">
    </td>
  </tr>
  <tr valign="top">
    <td height="126" colspan="4" background="img/login_bott.gif">
    <table width="477" height="74" border="0" cellpadding="0"
    cellspacing="0">
      <tr>
        <td width="89" height="44"> </td>
        <td width="133">
        <input type=radio name="type" value="1" checked>
```

```
                    <span class="style4">学生登录 </span></td>
               <td colspan="3">
                    <input type=radio name="type" value="2">
                    <font size="2" class="style4">教师登录</font></td>
               <td width="48"> </td>
          </tr>
          <tr>
               <td height="28" align="right"> </td>
               <td height="28" colspan="2" align="left" class="style5"> 
               </td>
               <td width="84" align="right"> </td>
               <td width="92" align="center">
               <input type="submit" class="btn1_mouseout" value="登录系统"></td>
               <td align="center"> </td>
          </tr>
        </table></td>
     </tr>
     <tr align="center">
        <td height="0" colspan="4"> </td>
     </tr>
   </table>
   </form>   </tr>
</table>
<table width="555"  border="0" align="center" cellpadding="0" cellspacing="0"
id="comCopyright"><tr>
    <td width="533" align="center"><span class="style5">Copyright&copy; 2007-
        2008 四川托普信息技术职业学院 软件教研室 YuJie_Room</span></td>
   </tr></table><p> </p>
</body>
</html>
```

清单 9-13：处理用户输入的用户名和密码（login. jsp）。

```
<%@ page contentType="text/html; charset=GB2312" %><!--指定本页文字编码为
"GB2312"-->
<%@ page session="true" %><!--设置 session 有效-->
<%@ page import="yujie. * "%><!--引入 yujie 包中所有类-->
<%   request.setCharacterEncoding("GB2312");%><!--设置页面请求代码为"GB2312"-->
<html>
<body bgcolor="#ffffff">
<%
    String pass=request.getParameter("password");//获得用户输入的密码
    String userID=request.getParameter("user");   //获得用户输入的用户名
    String ty=request.getParameter("type");//获得用户选择的用户类型(1 或者 2)
    //获得用户的类型号转换成整型数据类型
    int type=Integer.parseInt(request.getParameter("type"));
    //对用户的密码进行 MD5 字节码转换
      MD5string MD5=new MD5string();//构建 yujie 包中的 MD5string 类的实例对象
      String password=MD5.getmd5string(pass); //将用户输入的密码转换成相应的 MD5 码
    //根据不同的用户类型,选择相应的文件,默认为学生
```

```
String xmlpath=application.getRealPath("/")+"XML_DATA \\Stu_UserData.xml";
if (ty.equals("2")){
    xmlpath=application.getRealPath("/")+"XML_DATA\\Tea_UserData.xml";
    //为教师类型指定教师用户文件名
}
//检验用户的合法性
TestUser tu=new TestUser();
int intT=tu.getUser(xmlpath,userID,password,ty);
if (intT ==1)//返回值为 1,则说明是合法用户
{
  session.setAttribute("usercode",userID); //把用户的登录名写入 session
  session.setAttribute("usertype",ty);       //把用户类型号写入 seession
  //根据用户的类型号,进行界面的导航
  switch (type)
  {
   case 1:response.sendRedirect("Student/index.jsp");break;//登录学生界面
   case 2:response.sendRedirect("Teacher/index.jsp");break;//登录教师界面
   default:response.sendRedirect("index.html");break;
  }
}else{
out.print("<script language='javascript'>alert('用户名或密码错!请重新登
         录');document.location='index.html';</script>");
}
%>
</body>
</html>
```

9.5.2　学生用户功能模块代码

学生用户正常登录后的界面如图 9-13 所示。在这里我们采用框架结构来设计,在窗

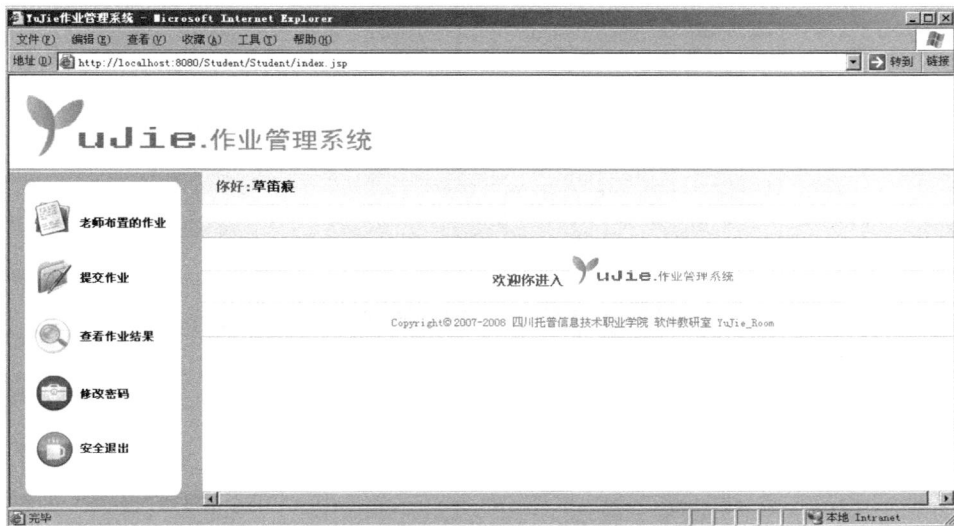

图 9-13　学生用户功能模块主界面

口的最上方为系统的 LOGO 区,左边为功能导向区,中心区为主界面区,各功能模块就在
该主界面区内完成。

1. 老师布置的作业

这个模块主要负责为学生列出老师所布置的作业信息,学生只要单击作业的主题就
能查看到布置作业的内容。其界面如图 9-14 所示。

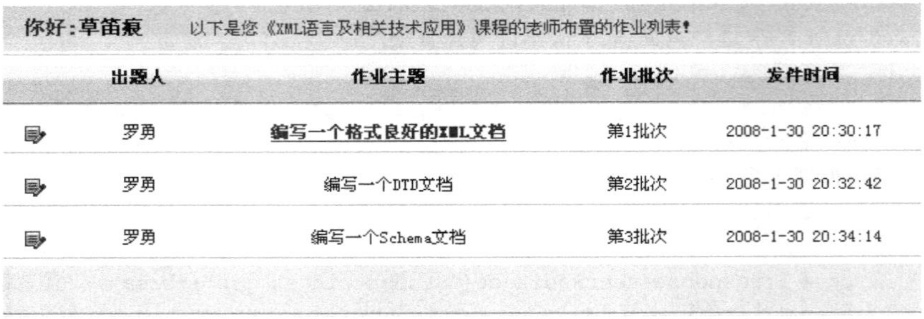

你好:草笛痕		以下是您《XML语言及相关技术应用》课程的老师布置的作业列表!		
	出题人	作业主题	作业批次	发件时间
📤	罗勇	**编写一个格式良好的XML文档**	第1批次	2008-1-30 20:30:17
📤	罗勇	编写一个DTD文档	第2批次	2008-1-30 20:32:42
📤	罗勇	编写一个Schema文档	第3批次	2008-1-30 20:34:14

图 9-14   查看老师布置的作业模块界面图

实现该模块的参考代码如清单 9-14 所示。

清单 9-14:查看老师布置的作业模块参考代码(tea_to_stu_work.jsp)。

```
<%@  page contentType="text/html; charset=gb2312"%>
<%@  page import="org.jdom.Document"%>
<%@  page import="org.jdom.Element"%>
<%@  page import="org.jdom.input.SAXBuilder"%>
<%@  page import="java.io.*"%>
<%@  page import="yujie.*"%>
<html>
<head>
<style type="text/css">
<!--
    .style1 {font-size: 12px;color: #000000;font-weight:bold}
    .style2 {font-size: 14px;font-weight: bold;color: #CC0000;}
    .style3 {font-size: 14px;font-weight: bold;color: #000000;}
    .style4 {font-size: 12px;color: #666666;}
    .style5 {color: #000000; font-size: 12px;}
    body {margin-left: 0px; margin-top: 0px;margin-right: 0px;}
    .STYLE6 {color: #3366cc;font-size: 12px;}
    a:link {color: #000000; text-decoration: none;}
    a:visited {color: #000000; text-decoration: none;}
    a:hover {color: #A72626;text-decoration: underline;font-weight: bold;}
    a:active {color: #000000;text-decoration: none;}
-->
</style>
</head>
<body>
<%
  String userid=(String)session.getAttribute("usercode");
```

```jsp
                                                           //获得用户登录的用户 ID 号
   String xmlpath=application.getRealPath("/")+"XML_DATA\\Stu_Info.xml";
   TestUser Name=new TestUser();
   String UserName=Name.getName(xmlpath,userid);
   String Kcm="XML 语言及相关技术应用";
%>
<table width="800" border="0" cellspacing="0" cellpadding="0">
<tr>
<td height="33" colspan="5" valign="middle" background="../img/mail_bj_top.
jpg">
<span class="style2">　你好:</span><span class="style3"><%=UserName %> </span>
<span class="style4">　以下是您《<%=Kcm%>》课程的老师布置的作业列表!</span></td>
   <td colspan="3" background="../img/mail_bj_top.jpg"> </td>
 </tr>
 <tr>
   <td width="46" height="41" background="../img/mail_bj_title.jpg"> </td>
   <td width="98" align="center" background="../img/mail_bj_title.jpg"
      class="style1">出题人</td>
   <td width="248" align="center" background="../img/mail_bj_title.jpg"
      class="style1">作业主题</td>
   <td width="99" align="center" background="../img/mail_bj_title.jpg"
      class="style1">作业批次</td>
   <td width="132" align="center" background="../img/mail_bj_title.jpg"
      class="style1">发件时间</td>
   <td colspan="2" background="../img/mail_bj_title.jpg"> </td>
 </tr>
<%
  SAXBuilder sb=new SAXBuilder();                    //建立一个解析器
  //构造一个 Document,读入 XML 文件的内容
  String xmlpath= application.getRealPath("/")+"XML_DATA\\Tea_To_Stu_Work.
  xml");
  Document doc=sb.build(new FileInputStream(xmlpath);
  Element root=doc.getRootElement();                 //得到根元素
  java.util.List stu=root.getChildren();             //得到根元素所有子元素的集合
  for(int i=0;i<stu.size();i++){
    Element xs=(Element)stu.get(i);                  //得到第一个元素<学号>
      String ID=xs.getAttributeValue("ID");
      if (xs.getChildText("课程名称").equals(Kcm)){
%>
  <tr>
    <td height="38" align="center" valign="middle" background="../img/mail_bj_
       list.jpg"><img src="../img/zy.jpg" width="20" height="22"></td>
<td align="center" background="../img/mail_bj_list.jpg" class="style5">
    <%=xs.getChildText("教师") %>
</td>
<td align="center" background="../img/mail_bj_list.jpg" class="style5">
    <a href=tea_to_stu_work_list.jsp?id=<%=ID%>><%=xs.getChildText ("主题") %>
    </a>
</td>
```

```
<td align="center" background="../img/mail_bj_list.jpg" class="style5">
    <a href=tea_to_stu_work_list.jsp?id=<%=ID%>><%=xs.getChildText("批次")%>
    </a>
</td>
<td align="center" background="../img/mail_bj_list.jpg" class="style5">
    <%=xs.getChildText("布置时间")%>
</td>
<td width="29" align="left" valign="middle" background="../img/mail_bj_list.jpg">
</td>
    <td width="148" align="left" valign="middle"
background="../img/mail_bj_list.jpg">
    <%if(!(xs.getChildText("参考答案").equals(""))){%>
      <img src="../img/ckda.JPG" width="74" height="18" border="0" usemap="#
        Map">
      <map name="Map"><area shape="rect" coords="2,3,70,16" href="list_ckda.
        jsp?id=<%=ID%>"></map>
    <%}%>
    </td>
  </tr>
  <%}}%>
  <tr>
    <td height="38" align="right" valign="middle"  background="../img/mail_bj_
      bott.jpg"></td>
    <td height="38" colspan="6" align="left" valign="baseline"  background="../
      img/mail_bj_bott.jpg" class="style4"><label>
    </label></td>
  </tr>
</table>
</body>
</html>
```

2. 提交作业

这个模块主要完成学生作业的上交功能。由于该系统每个学生的登录用户名就是自己的学号,所以在这个模块中,将会根据学生的学号自动获得学生的姓名和专业的值,学生就不用再输入了。其界面如图 9-15 所示。

学生提交作业模块的实现参考代码如清单 9-15 和清单 9-16 所示。

清单 9-15:学生提交的作业模块界面参考代码(add.jsp)。

```
<%@ page contentType="text/html; charset=gb2312" %>
<% request.setCharacterEncoding("gb2312");%>
<%@ page import="org.jdom.*"%>
<%@ page import="org.jdom.input.*"%>
<%@ page import="java.io.*"%>
<%@ page session="true" %>  <!--设置 session 有效-->
<html>
<head>
<title>学生提交作业</title>
<link rel="stylesheet" href="../css/add.css"></link>
```

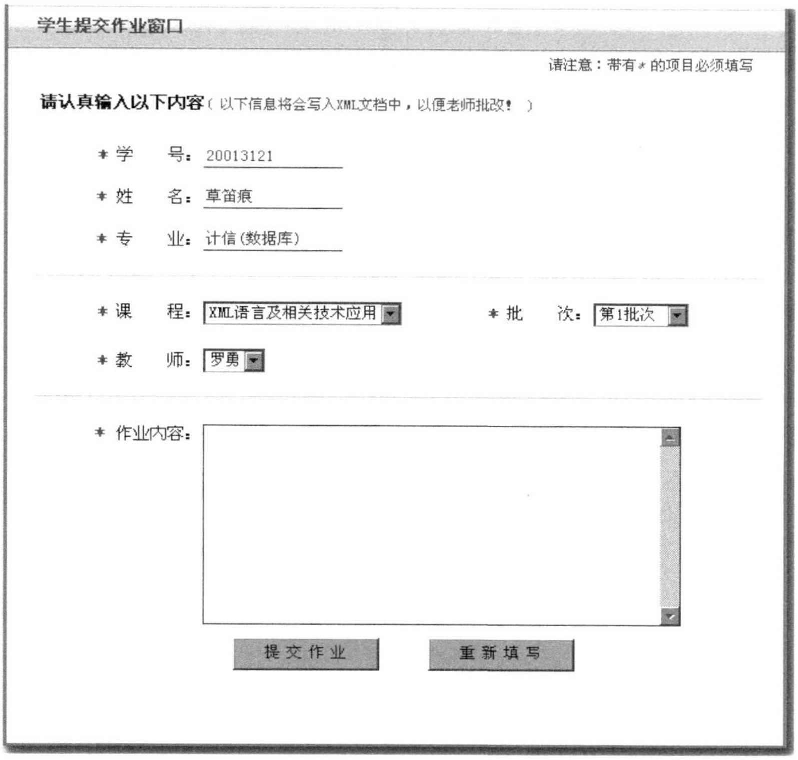

图 9-15 学生提交作业的用户界面

```
</head>
<body>
<table width="651" height="593" border="0" align="center" cellpadding="0"
cellspacing="0">
  <tr align="left" valign="middle">
    <td height="47" colspan="3" background="../img/list1.jpg" class="style4">
         学生提交作业窗口</td>
  </tr>
  <tr align="left" valign="top">
    <td width="17" height="241" background="../img/list2.jpg"> </td>
    <td width="620" align="left" valign="middle"><p class="declare">请注意:带
      有<span class="style1"> * </span>的项目必须填写</p>
      <p><span class="style2">   请认真输入以下内容</span><span class=
        "declare">( 以下信息将会写入 XML 文档中,以便老师批改! ) 
                   
          </span></p>

<form name="form1" method="post" action="Input_data.jsp">
  <table width="598" border="0" align="center" cellpadding="0" cellspacing="0">
<%
  String userid= (String)session.getAttribute("usercode");
                                                    //获得用户登录的用户 ID 号
```

```
    SAXBuilder sb=new SAXBuilder();              //建立解析器
    //构造一个 Document,读入 XML 文件的内容
    String xmlpath=application.getRealPath("/")+"XML_DATA\\Stu_Info.xml";
    Document doc=sb.build(new FileInputStream(xmlpath));
    Element root=doc.getRootElement();           //得到根元素
    java.util.List stu=root.getChildren();//得到根元素所有子元素的集合
        for(int i=0;i<stu.size();i++)
          {
          Element xs=(Element)stu.get(i);  //得到第一个元素<学生>
              if (xs.getChildText("ID").equals(userid))
                  {
%>
    <tr>
      <td width="138"  height="35" align="right" class="style3"><span class=
          "style6"><strong> * </strong></span>学      号<strong>:</strong></td>
      <td width="170" height="35" align="left">
       <input name="stu_ID" type="text" class="input_login" size="15"
       value="<%=xs.getChildText("ID")%>"/></td>
      <td colspan="2" class="style5">  </td>
    </tr>
    <tr>
      <td height="36" align="right" class="style3"><span class="style6">
          <strong> * </strong></span>姓      名<strong>:</strong></td>
      <td width="170" height="36" align="left">
        <input name="stu_Name" type="text" class="input_login" size="15"
        value="<%=xs.getChildText("姓名")%>"/></td>
      <td colspan="2" class="style5"> </td>
    </tr>
    <tr>
      <td height="36" align="right" class="style3"><span class="style6">
          <strong> * </strong></span>专      业<strong>:</strong></td>
      <td width="170" height="36" align="left">
        <input name="stu_Classes" type="text" class="input_login" size="15"
        value="<%=xs.getChildText("专业")%>"/></td>
      <td colspan="2" class="style5"> </td>
    </tr>
<%} }%>
    <tr>
      <td height="21" colspan="4" align="right" background="../img/11.jpg">
          <span class="style3"></span></td>
    </tr>
  <tr height="30">
      <td height="47" align="right" class="style3"> <span class="style6">
          <strong> * </strong></span>课      程<strong><strong>:</strong>
          </strong></td>
      <td width="170" height="47" align="left">
        <select id="stu_Courses" name="stu_Courses"  title="课程选择">
              <option selected="selected">XML 语言及相关技术应用</option>
        </select></td>
```

```
<td width="150" height="47" align="right"><span class="style3"><span
    class="style6"><strong> * </strong></span>批    次<strong><strong>:
    </strong></strong></span></td>
<td height="47" width="140">
        <select name="order" id="order">
        <option selected="selected">第 1 批次</option>
        <option>第 2 批次</option>
        <option>第 3 批次</option>
        <option>第 4 批次</option>
        <option>第 5 批次</option>
        <option>第 6 批次</option>
        <option>第 7 批次</option>
        <option>第 8 批次</option>
        <option>第 9 批次</option>
        <option>第 10 批次</option>
        <option>第 11 批次</option>
        <option>第 12 批次</option>
        </select>                   </td>
        </tr>
    <tr height="30">
        <td height="34" align="right" class="style3"><span class="style6">
        <strong> * </strong></span>教    师<strong><strong>:</strong>
        </strong></td>
    <td width="170" height="34" align="left">
        <select name="teacher">
            <option selected="selected">罗勇</option>
        </select>              </td>
        <td height="34" width="150"> </td>
        <td height="34" width="140"> </td>
    </tr>
    <tr>
        <td height="35" colspan="4" align="right" background="../img/11.jpg">
            <span class="style3"></span></td>
    </tr>
    <tr height="30">
        <td height="30" align="right" valign="top"><p><span class="style6">
            <strong> * </strong></span><span class="style3">作业内容</span>
            <span class="style2"> <span class="style3"><strong>:</strong></span>
            </span></span></p></td>
    <td colspan="3" rowspan="3" align="left" valign="top">
        <textarea name="stu_Content" cols="62" rows="12" class="input_login1">
    </textarea></td>
    </tr>
<tr><td align="right"> </td></tr><tr><td align="right"> </td></tr>
<tr>
    <td height="36" align="right" background="img/11.jpg"><span class=
        "style3"></span></td>
    <td width="170" align="center" background="img/11.jpg">
    <input name="submit" type="submit"  class="bt" value="提交作业" /></td>
```

```
        <td width="150" align="center" background="img/11.jpg">
          <input name="submit2" type="reset" class="bt" value="重新填写" /></td>
        <td width="140" background="img/11.jpg"> </td>
        </tr>
    </table>
    </form></td>
    <td width="14" align="center" background="../img/list3.jpg"> </td></tr>
    <tr align="left">
        <td height="43" colspan="3" background="../img/list4.jpg"> </td></tr>
    </table>
    </body>
    </html>
```

注意：由于在 input_data.jsp 页面中使用＜jsp:setProperty name＝"st" property＝"＊"/＞设置 st 对象的属性,因此本表单中,表单对象的名字必须和 Stu_InputData 类的对应属性完全一致,例如 Stu_InputData 类中,学生的学号属性使用的是"stu_ID",那么本表单中让用户输入学号的文本框的 name 属性也要指定为"stu_ID",即：

```
<input name="stu_ID" type="text" class="input_login" size="15" />
```

清单 9-16：处理学生提交的作业模块参考代码(input_data.jsp)。

```
<%@ page contentType="text/html; charset=gb2312" %>
<%@ page import="yujie.*"%>
<% request.setCharacterEncoding("GB2312");%>
<%@ page import="org.jdom.*"%>
<%@ page import="org.jdom.input.*"%>
<%@ page import="java.io.*"%>
<%@ page import="org.jdom.output.*"%>
<%@ page import="java.util.List"%>
<%@ page import="org.jdom.xpath.XPath"%>
<!--构造 Stu_InputData 类的对象 st-->
<jsp:useBean id="st" class="yujie.Stu_InputData" scope="request" />
<!--设置对象 st 的属性-->
<jsp:setProperty name="st" property="*"/>
<%
  //获得当前 web 应用的绝对路径:application.getRealPath("/");
  //设定教师写入文件的路径,并完成学生提交信息的写入
  String xmlpath=application.getRealPath("/")+"XML_DATA\\Stu_Data.xml";
  DateTime DT=new DateTime();                  //构造一个 DateTime 对象
  TestUser test=new TestUser();                //构造一个测试对象 test
  //测试上交作业的批次是否有冲突
  String ok=test.getYes(xmlpath,st.getStu_ID(),st.getOrder());
  if (ok=="yes"){
      out.print("<script>alert('Sorry!该批次的作业你已经提交过了!请选择其他批次
      进行提交!');document.location='add.jsp';</script>");
  }else{
      int yes =0;
      String stringid;
```

```
     try {
         SAXBuilder sb=new SAXBuilder();       //建立解析器
         Document doc=sb.build(new FileInputStream(xmlpath));
         Element root=doc.getRootElement();//得到根元素
         List sub=root.getChildren();          //获得根元素的所有子元素集合
           if (sub.size()==0)                  //测试根元素是否具有子元素
           {
             stringid="1";
           }else{
               //得到最后的 id 值(采用 Xpath 技术,定位在最后一个学生作业列表元素上)
               List lista =XPath.selectNodes(root,"/学生作业列表/学生[last()]");
               Element sid=(Element) lista.get(0);
               stringid=sid.getAttributeValue("ID");
               int intid= Integer.parseInt(stringid);
                                           //将得到的 id 值转换成数值型数据
               int id=intid+1;   //id 值增加 1
               stringid=Integer.toString(id);//再将 id 转换成字符型数据
           }
// 为<作业信息列表>元素添加子元素<学生>
Element stu=new Element("学生");
 stu.setAttribute("ID",stringid);
 //新建<学生>元素的所有子元素
 stu.addContent(new Element("课程名称").addContent(st.getStu_Courses()));
 stu.addContent(new Element("教师").addContent(st.getTeacher()));
 stu.addContent(new Element("批次").addContent(st.getOrder()));
 stu.addContent(new Element("学号").addContent(st.getStu_ID()));
 stu.addContent(new Element("姓名").addContent(st.getStu_Name()));
 stu.addContent(new Element("班级").addContent(st.getStu_Classes()));
 stu.addContent(new Element("作业内容").addContent(new
   CDATA("XX").setText(st.getStu_Content())));//新建元素<作业内容>
 stu.addContent(new Element("提交时间").addContent(DT.getDatetime()));
 stu.addContent(new Element("教师评语").addContent(""));
 stu.addContent(new Element("作业等级").addContent(""));
 stu.addContent(new Element("批改时间").addContent(""));
 root.addContent(stu);//将<学生>元素加入根元素中
     //设置文件输出格式
     Format format=Format.getPrettyFormat();
     format.setIndent("    ");
     format.setEncoding("GB2312");
   //将数据保存到 XML 文档中
     XMLOutputter outter=new XMLOutputter(format);    //建立输出流
     outter.output(doc, new FileOutputStream(xmlpath));
                                           //将文档输回到 XML 文件中
   yes=1;//设定成功添加数据的测试值
} catch (Exception e) {
     yes=-2;
     System.err.println(e.getMessage());
     e.printStackTrace();
}
```

```
        if (yes==1){
            response.sendRedirect("inputdataOk.html");
        }else{
            response.sendRedirect("../error/input_data_error.html");
        }
    }
%>
```

3. 查看作业结果

这个模块完成学生查看自己所上交的作业的批改情况。在该模块中将列出该学生所上交的所有作业,同时在教师批改状态下以图片形式给出该作业是否被教师批改过,其界面如图 9-16 所示。这时学生可以单击每次作业的课程名查看教师给出的详细批改信息,其界面如图 9-17 所示。

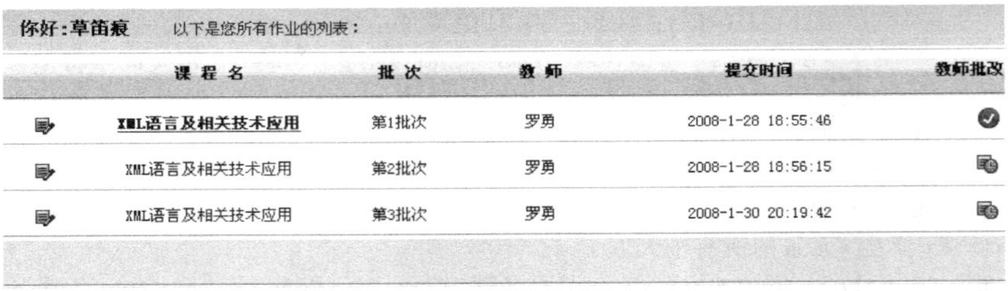

图 9-16   学生查看作业结果的模块界面

学生查看作业结果模块的实现参考代码如清单 9-17 和清单 9-18 所示。

清单 9-17:学生查看作业结果模块的界面的实现参考代码(listall.jsp)。

```
<!DOCTYPE HTML PUBLIC "-//W3C//DTD HTML 4.01 Transitional//EN">
<%@ page contentType="text/html; charset=gb2312" %><!--指定本页文字编码为
gb2312-->
<%@ page session="true" %>   <!--设置 session 有效-->
<%@ page import="yujie.*" %>
<% request.setCharacterEncoding("gb2312");%>
<%@ page import="org.jdom.*"%>
<%@ page import="org.jdom.input.*"%>
<%@ page import="java.io.*"%>
<html>
<head>
<link rel="stylesheet" href="../css/listall.css"/>
</head>
<body>
<%
  String userid=(String)session.getAttribute("usercode");
                                            //获得用户登录的用户 ID 号
  String xmlpath=application.getRealPath("/")+"XML_DATA\\Stu_Info.xml";
  TestUser Name=new TestUser();
  String UserName=Name.getName(xmlpath,userid);//根据用户登录名获得用户的名称
%>
```

```
<table width="800" border="0" cellspacing="0" cellpadding="0">
<tr>
<td height="33" colspan="3" valign="middle" background="../img/mail_bj_top.
jpg">
  <span class="style2">    你好:</span><span class="style3"><%=UserName %>
    </span>
  <span class="style4">    以下是您所有作业的列表:</span></td>
  <td colspan="3" background="../img/mail_bj_top.jpg"> </td>
  </tr>
  <tr>
    <td width="69" height="41" background="../img/mail_bj_title.jpg"> </td>
    <td width="177" align="center" background="../img/mail_bj_title.jpg" class=
      "style1">课 程 名 </td>
    <td width="109" align="center" background="../img/mail_bj_title.jpg" class=
      "style1">批 次</td>
    <td width="103" align="center" background="../img/mail_bj_title.jpg" class=
      "style1">教 师</td>
    <td width="227" align="center" background="../img/mail_bj_title.jpg">
        <span class="style1">提交时间</span></td>
    <td width="115" align="center" background="../img/mail_bj_title.jpg" class=
      "style1">教师批改状态</td>
  </tr>
<%
SAXBuilder sb=new SAXBuilder();          //建立一个解析器
//构造一个 Document,读入 XML 文件的内容
String xmlpath=application.getRealPath("/")+"XML_DATA\\Stu_Data.xml";
Document doc=sb.build(new FileInputStream(xmlpath));
Element root=doc.getRootElement();        //得到根元素
java.util.List stu=root.getChildren();   //得到根元素所有子元素的集合
  for(int i=0;i<stu.size();i++){
    Element xs= (Element)stu.get(i);       //得到第一个元素<学生>
    String ID=xs.getAttributeValue("ID");
    if (xs.getChildText("姓名").equals(UserName)){
%>
  <tr>
    <td height="36" align="center" valign="middle" background="../img/mail_bj_
        list.jpg"><img src="../img/zy.jpg" width="20" height="22" title="作
        业"></td>
    <td align="center" background="../img/mail_bj_list.jpg" class="style5">
      <a href=list.jsp?id=<%=ID %>><%=xs.getChildText("课程名称")%></a></td>
    <td align="center" background="../img/mail_bj_list.jpg" class="style5">
      <%=xs.getChildText("批次")%></td>
    <td align="center" background="../img/mail_bj_list.jpg" class="style5">
      <%=xs.getChildText("教师")%></td>
    <td align="center" background="../img/mail_bj_list.jpg" class="style5">
      <%=xs.getChildText("提交时间")%></td>
    <td align="center" background="../img/mail_bj_list.jpg">
      <%if (xs.getChildText("教师评语")==""){%>
        <img src="../img/wait.jpg" width="18" height="16" title="未批改">
```

```
        <%}else{%>
            <img src="../img/ok.jpg" width="19" height="21" title="已经批改">
        <%}%>
        </td>
    </tr>
<%}}%>
    <tr>
        <td height="38" colspan="6" background="../img/mail_bj_bott.jpg"> </td>
    </tr>
</table>
</body>
</html>
```

这时，如果教师批改状态下显示的是![图标]图标，则说明此作业教师已经批改了，学生只要单击相应的课程名就会查看到详细的教师批改信息，界面如图 9-17 所示。其实现的参考代码如清单 9-18 所示。

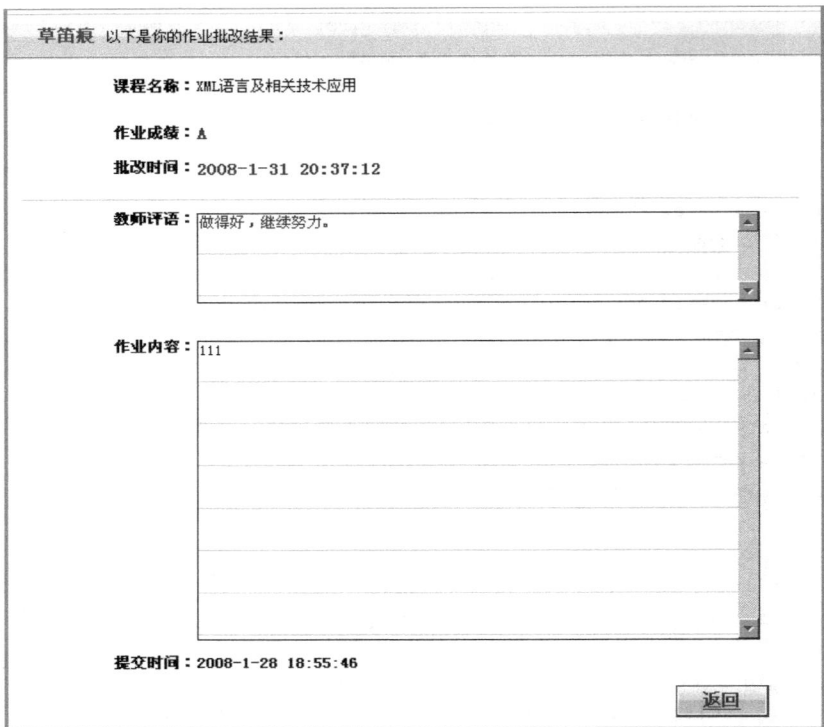

图 9-17   学生查看教师对作业批改信息的界面

清单 9-18：学生查看教师对作业批改信息的实现参考代码(list.jsp)。

```
<%@  page contentType="text/html; charset=gb2312"%>
<%@  page import="org.jdom.Document"%>
<%@  page import="org.jdom.Element"%>
<%@  page import="org.jdom.input.SAXBuilder"%>
```

```jsp
<%@  page import="java.io. * " %>
<%@  page import="java.util.List"%>
<%@  page import="org.jdom.xpath.XPath"%>
<html>
<head>
<link rel="stylesheet" href="../css/list.css"/>
</head>
<body>
<%
        String userid=request.getParameter("id");
        SAXBuilder sb=new SAXBuilder();//建立一个解析器
        //构造一个 Document,读入 XML 文件的内容
        String xmlpath=application.getRealPath("/")+"XML_DATA\\Stu_Data.xml";
        Document doc=sb.build(new FileInputStream(xmlpath));
        Element root=doc.getRootElement();  //得到根元素
        //采用 Xpath 技术,定位在学生作业列表元素上
        List lista=XPath.selectNodes(root,"/学生作业列表/学生[@ ID="+userid+"]");
        Element xs=(Element) lista.get(0);
%>
<table width="655" border="0" align="center" cellpadding="0" cellspacing="0">
  <tr align="left">
    <td height="47" colspan="5"   background="../img/list1.jpg"><span class=
    "style1"><%=xs.getChildText("姓名") %></span><span class="style5">以
    下是你的作业批改结果:</span></td>
  </tr>
  <tr>
    <td width="17" rowspan="6" align="center" valign="middle" background=
    "../img/list2.jpg"><span class="style2 style9"></span><span class=
    "style2 style9"></span><span class="style2 style9"></span></td>
    <td width="137" height="36" align="right" valign="middle" class="style11">课
    程名称:</td>
    <td width="471" align="left" class="style5">
    <%=xs.getChildText("课程名称") %></td>
    <td width="12" align="left" class="style5"> </td>
    < td width="18" rowspan="6" align="left" background="../img/list3.jpg"
     class="style5"> </td>
  </tr>
   <tr>
    <td height="41" align="right" valign="middle"><span class="style11"><span
    class="style2 style9">作业成绩:</span></span></td>
    <td align="left" class="style5"><span class="style12"style12">
      <%=xs.getChildText("作业等级") %></span></td>
    <td align="left" class="style5"> </td>
  </tr>
<tr>
    < td height="43" align="right" valign="top" background="../img/mail_bj_
    list.jpg"><span class="style11"><span class="style13"><span class=
    "style2 style9">批改时间:</span></span></span></td>
    <td align="left" valign="top" background="../img/mail_bj_list.jpg" class=
```

```
      "style5"><span class="style11"><span class="style12"style12">
      <%=xs.getChildText("批改时间")%></span></span></td>
    <td align="left" valign="top" class="style5"> </td>
  </tr>
   <tr>
    <td height="105" align="right" valign="top"><span class="style2 style9">
      <span class="style11"><span class="style13">教师评语:</span></span>
      </span></td>
    <td align="left" valign="top" class="style5"><span class="style11">
      <textarea name="textarea" cols="70" rows="5" wrap="VIRTUAL" class=
      "input_login12">
      <%=xs.getChildText("教师评语")%>
</textarea></span></td>
    <td align="left" class="style5"> </td>
  </tr>
  <tr>
    <td height="36" align="right" valign="top"><span class="style2 style9">
      <span class="style11"><span class="style13">作业内容</span></span>
      <span class="style11">:</span></span></td>
    <td align="left" class="style5"><span class="style11">
     <textarea name="stu_Content" cols="70" rows="17" class="input_login1">
      <%=xs.getChildText("作业内容")%></textarea>
    </span></td>
    <td align="left" class="style5"> </td>
  </tr>
  <tr>
    <td height="36" align="right" valign="middle"><span class="style2 style9">
      <span class="style11">提交时间:</span></span></td>
    <td align="left" class="style5"><span class="style11">
     <%=xs.getChildText("提交时间")%></span></td>
    <td align="left" class="style5"> </td>
  </tr>
  <tr align="right" valign="top">
    <td height="38" colspan="5"  background="../img/list4.jpg"><table width=
      "127" height="26" border="0" cellpadding="0" cellspacing="0">
     <tr>
      <td width="73" height="26" align="center" background="../img/bt1.jpg">
         <a href="listall.jsp" class="style12">返回</a></td>
      <td width="54"> </td>
     </tr></table></td></tr>
</table>
<p> </p>
</body></html>
```

9.5.3 教师用户功能模块代码

教师用户正常登录后的界面如图 9-18 所示。在这里我们采用框架结构来设计,在窗口的最上方为系统的 LOGO 区,左边为功能导向区,中心区为主界面区,各功能模块就在该主界面区内完成。

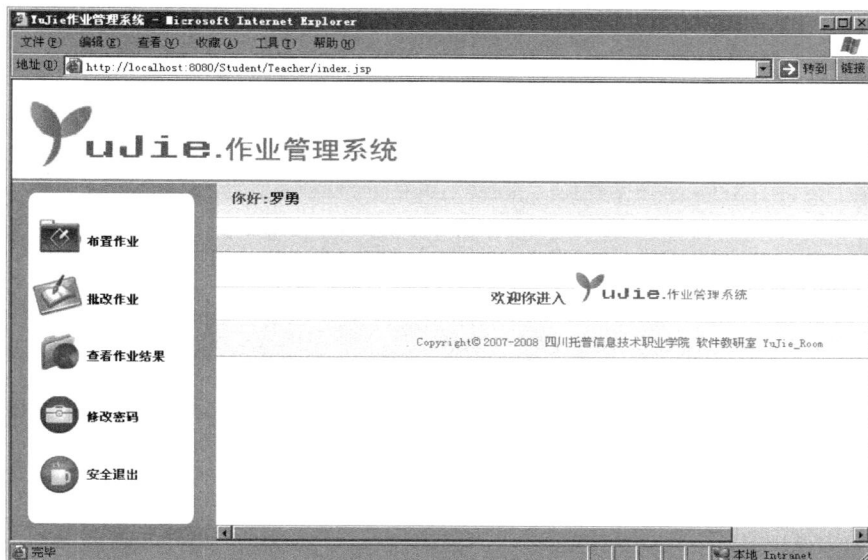

图 9-18　教师用户主界面

1. 布置作业

这个模块主要完成教师为学生布置作业的功能。只有教师在这里为学生布置了作业以后,学生才可能查看到教师布置的作业内容。该模块的界面如图 9-19 所示。

图 9-19　教师布置作业模块的界面

教师布置作业模块界面实现的参考代码如清单 9-19 所示。

清单 9-19:教师布置作业模块界面的实现参考代码(zy_list.jsp)。

```
<!DOCTYPE HTML PUBLIC "-//W3C//DTD HTML 4.01 Transitional//EN">
<%@ page contentType="text/html; charset=gb2312" %>
<%@ page session="true" %>  <!--设置 session 有效-->
<%@ page import="yujie.*" %>
<% request.setCharacterEncoding("gb2312");%>
<%@ page import="org.jdom.*" %>
<%@ page import="org.jdom.input.*" %>
<%@ page import="java.io.*" %>
<html>
<head>
```

```
<link rel="stylesheet" href="../css/zy_list.css"></link>
</head>
<body>
<%
  String userid=(String)session.getAttribute("usercode");
                                              //获得用户登录的用户 ID 号
  String xmlpath=application.getRealPath("/")+"XML_DATA\\Tea_Info.xml";
  TestUser Name=new TestUser();
  String UserName=Name.getName(xmlpath,userid);
%>
<table width="800" border="0" cellspacing="0" cellpadding="0">
  <tr>
    <td height="33" colspan="3" valign="middle" background="../img/mail_bj_
        top.jpg"><span class="style2">   你好:</span><span class="style3">
        <%=UserName %>老师</span>

    <span class="style4">    以下是您曾经布置的作业列表!</span></td>
    <td colspan="2" background="../img/mail_bj_top.jpg"> </td>
    <td colspan="5" background="../img/mail_bj_top.jpg"> </td>
  </tr>
  <tr>
    <td width="46" height="41" background="../img/mail_bj_title.jpg"> </td>
    <td width="98" align="center" background="../img/mail_bj_title.jpg" class=
        "style1">出题人</td>
    <td width="248" align="center" background="../img/mail_bj_title.jpg" class=
        "style1">作业主题</td>
    <td width="99" align="center" background="../img/mail_bj_title.jpg" class=
        "style1">作业批次</td>
    <td width="132" align="center" background="../img/mail_bj_title.jpg" class=
        "style1">发件时间</td>
    <td colspan="4" background="../img/mail_bj_title.jpg"> </td>
  </tr>
<%
  SAXBuilder sb=new SAXBuilder();           //建立一个解析器
  //构造一个 Document,读入 XML 文件的内容
  String xmlpath=application.getRealPath("/")+"XML_DATA \\Tea_To_Stu_Work.xml";
  Document doc=sb.build(new FileInputStream(xmlpath));
  Element root=doc.getRootElement();        //得到根元素
  java.util.List stu=root.getChildren();//得到根元素所有子元素的集合
  for(int i=0;i<stu.size();i++){
    Element xs=(Element)stu.get(i);         //得到第一个元素
      String ID=xs.getAttributeValue("ID");
      if (xs.getChildText("教师").equals(UserName)){
%>
  <tr>
    <td height="38" align="center" valign="middle" background="../img/mail_bj_
        list.jpg"><img src="../img/zy.jpg" width="20" height="22"></td>
    <td align="center" background="../img/mail_bj_list.jpg" class="style5">
        <%=xs.getChildText("教师") %></td>
```

```
<td align="center" background="../img/mail_bj_list.jpg" class="style5">
    <%=xs.getChildText("主题") %></td>
<td align="center" background="../img/mail_bj_list.jpg" class="style5">
    <%=xs.getChildText("批次") %></td>
<td align="center" background="../img/mail_bj_list.jpg" class="style5">
    <%=xs.getChildText("布置时间") %></td>
<td width="22" align="left" valign="middle" background="../img/mail_bj_
    list.jpg"><img src="../img/sc.jpg" width="22" height="17" border="0"
    usemap="#Map2" title="删除"></td>
<td width="50" align="left" valign="middle" background="../img/mail_bj_
    list.jpg"><span class="STYLE6">
    <a href="del.jsp?id=<%=ID%>">删除</a></span></td>
<td width="20" align="left" valign="middle" background="../img/mail_bj_
    list.jpg"><img src="../img/add.jpg" width="19" height="15"></td>
<td width="85" align="left" valign="middle" background="../img/mail_bj_
    list.jpg"><span class="STYLE6">添加参考答案</span></td>
    </tr>
<%}}%>
  <tr>
    <td height="38" align="right" valign="middle"  background="../img/mail_bj
        _bott.jpg"><img src="../img/47.jpg" width="42" height="30" border="0"
        usemap="#Map"></td>
    <td height="38" colspan="8" align="left" valign="baseline" background=
        "../img/mail_bj_bott.jpg" class="style4">单击图标发布新的作业!</td>
  </tr>
</table>
<map name="Map"><area shape="rect" coords="2,1,42,28" href="bzzy.jsp"></map>
</body>
</html>
```

在教师布置作业的主界面中,单击 ▦ 删除按钮将会删除该教师布置的该批次作业,其实现的参考代码如清单 9-20 所示。单击 ▣ 按钮将会添加一条新的作业,其界面如图 9-20 所示,具体实现的参考代码如清单 9-21 所示。

清单 9-20:删除教师布置的作业实现参考代码(del.jsp)。

```
<%@ page contentType="text/html; charset=gb2312"%>
<%@ page import="org.jdom.Document"%>
<%@ page import="org.jdom.Element"%>
<%@ page import="org.jdom.input.SAXBuilder"%>
<%@ page import="java.io.*" %>
<%@ page import="java.util.List"%>
<%@ page import="org.jdom.xpath.XPath"%>
<%@ page import="org.jdom.output.*" %>
<html>
<body>
<%
    String userid=request.getParameter("id");
    SAXBuilder sb=new SAXBuilder();          //建立一个解析器
    //构造一个 Document,读入 XML 文件的内容
```

```
String xmlpath=application.getRealPath("/")+"XML_DATA\\Tea_To_Stu_Work.xml";
Document doc=sb.build(new FileInputStream(xmlpath));
Element root=doc.getRootElement();        //得到根元素
//采用 Xpath 技术,定位在学生作业列表元素上
List lista=XPath.selectNodes(root,"/作业列表/作业[@ ID="+userid+"]");
        Element xs=(Element) lista.get(0);
        root.removeContent(xs);            //删除节点
//删除后,将删除后的文档结构重新保存入 XML 文档中
// 设置文件输出格式
Format format=Format.getPrettyFormat();
format.setIndent("   ");
format.setEncoding("GB2312");
//将数据保存到 XML 文档中
 XMLOutputter outter=new XMLOutputter(format);        //建立输出流
 outter.output(doc, new FileOutputStream(xmlpath));//将文档输回到 XML 文件中
 response.sendRedirect("zy_list.jsp");//导航到教师布置作业的主界面
%>
</body>
</html>
```

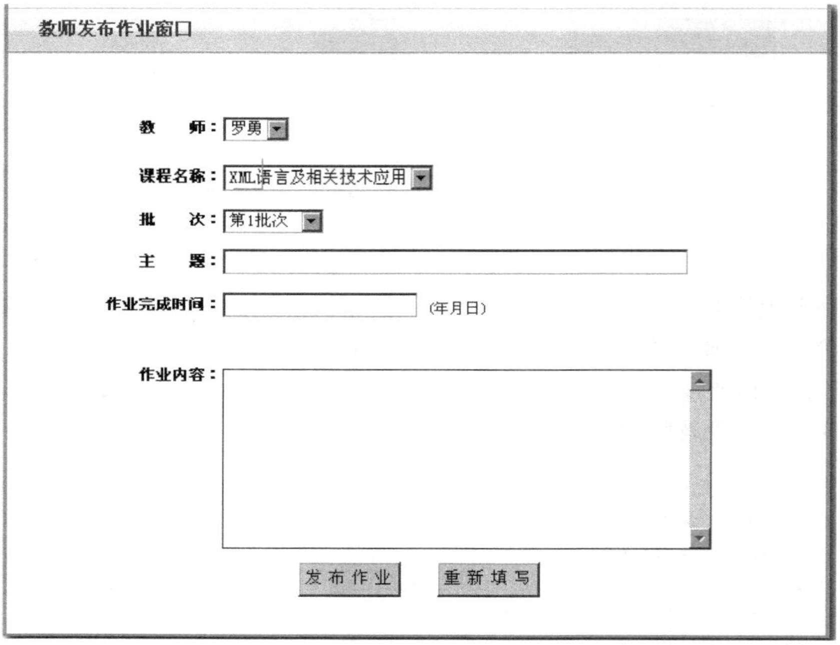

图 9-20   教师添加新的作业界面

清单 9-21：教师添加新作业的实现参考代码(add_zuoye.jsp)。

```
<%@  page contentType="text/html; charset=gb2312" %>
<%@  page import="yujie. * "%>
<%  request.setCharacterEncoding("GB2312");%>
<%@  page import="org.jdom. * "%>
```

```
<%@  page import="org.jdom.input.*"%>
<%@  page import="java.io.*"%>
<%@  page import="org.jdom.output.*"%>
<%@  page import="java.util.List"%>
<%@  page import="org.jdom.xpath.XPath"%>
<%
  //获得所布置作业的相关内容
  String bh= (String)session.getAttribute("usercode");
  String teacher= (String)request.getParameter("teacher");
  String kc_name= (String)request.getParameter("kcname");
  String zy_pc= (String)request.getParameter("order");
  String zy_zt= (String)request.getParameter("zt");
  String zy_nr= (String)request.getParameter("content");
  String zy_wcsj= (String)request.getParameter("wcsj");
  //设定教师写入文件的路径,并完成学生提交信息的写入
  String xmlpath=application.getRealPath("/")+"XML_DATA\\Tea_To_Stu_Work.xml";
  DateTime DT=new DateTime();//构造一个 DateTime 对象
  TestUser test=new TestUser();//构造一个测试对象 test

  //测试上交作业的批次是否有冲突
  String ok=test.getZypcok(xmlpath,bh,kc_name,zy_pc);

  if (ok.equals("yes")){
      out.print("<script>alert('Sorry!该批次的作业你已经布置过了!请选择其他批次
      进行提交!');document.location='bzzy.jsp';</script>");
  }else{
      int yes =0;
      String stringid;
      try {
          SAXBuilder sb=new SAXBuilder();          //建立解析器
          Document doc=sb.build(new FileInputStream(xmlpath));
          Element root=doc.getRootElement();       //得到根元素
          List sub=root.getChildren();             //获得根元素的所有子元素集合
            if (sub.size()==0)                     //测试根元素是否具有子元素
            {
              stringid="1";
            }else{
              //得到最后的 id 值(采用 Xpath 技术,定位在最后一个学生作业列表元素上)
              List lista =XPath.selectNodes(root,"/作业列表/作业[last()]");
              Element sid= (Element) lista.get(0);
              stringid=sid.getAttributeValue("ID");
              int intid=Integer.parseInt(stringid);
                                          //将得到的 id 值转换成数值型数据
              int id=intid+1;             //id 值增加 1
              stringid=Integer.toString(id);  //再将 id 转换成字符型数据
            }
      // 为<作业列表>元素添加子元素<作业>
      Element zy=new Element("作业");
  // 为<作业>元素添加子元素列表
```

```
zy.setAttribute("ID",stringid);
zy.addContent(new Element("教师").addContent(teacher).setAttribute("编号",
    bh));
zy.addContent(new Element("课程名称").addContent(kc_name));
zy.addContent(new Element("批次").addContent(zy_pc));
zy.addContent(new Element("主题").addContent(zy_zt));
zy.addContent(new Element("作业内容").addContent(new CDATA("XX").setText(zy_
    nr)));
zy.addContent(new Element("参考答案").addContent(""));
zy.addContent(new Element("作业完成时间").addContent(zy_wcsj));
zy.addContent(new Element("布置时间").addContent(DT.getDatetime()));
//将<作业>元素加入根元素中
root.addContent(zy);

//设置文件输出格式
    Format format=Format.getPrettyFormat();
    format.setIndent("    ");
    format.setEncoding("GB2312");
//将数据保存到 XML 文档中
    XMLOutputter outter=new XMLOutputter(format);        //建立输出流
    outter.output(doc, new FileOutputStream(xmlpath)); //将文档输回到 XML 文件中
    yes=1;                                               //设定成功添加数据的测试值

} catch (Exception e) {
        yes=-2;
        System.err.println(e.getMessage());
        e.printStackTrace();
}
    if (yes==1){// 判断写入 XML 文档是否正确
        out.print("<script>alert('OK!作业布置成功!');
        document.location='zy_list.jsp';</script>");
    }else{
        response.sendRedirect("../error/input_data_error.html");
    }
}
%>
```

2. 批改作业

这个模块主要完成教师批改学生作业的功能。该模块的界面如图 9-21 所示,其实现的参考代码如清单 9-22 所示。

清单 9-22:教师批改学生作业主界面的实现参考代码(add_zuoye.jsp)。

```
<!DOCTYPE HTML PUBLIC "-//W3C//DTD HTML 4.01 Transitional//EN">
<%@  page contentType="text/html; charset=gb2312" %>
<%@  page session="true" %>  <!--设置 session 有效-->
<%@  page import="yujie.*" %>
<%  request.setCharacterEncoding("gb2312");%>
<%@  page import="org.jdom.*" %>
```

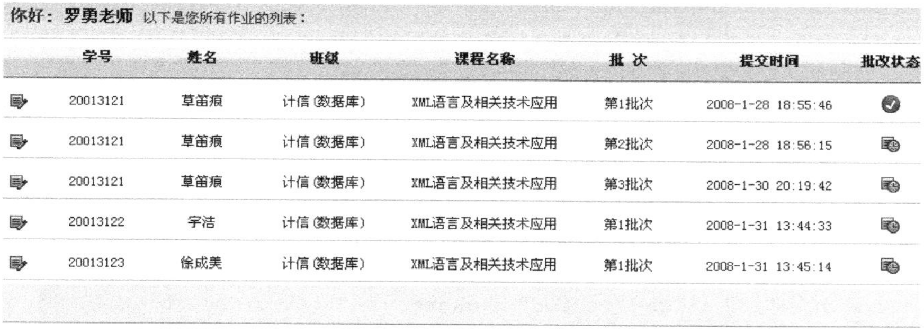

你好：**罗勇老师** 以下是您所有作业的列表：

学号	姓名	班级	课程名称	批 次	提交时间	批改状态
20013121	草笛痕	计信(数据库)	XML语言及相关技术应用	第1批次	2008-1-28 18:55:46	✓
20013121	草笛痕	计信(数据库)	XML语言及相关技术应用	第2批次	2008-1-28 18:56:15	
20013121	草笛痕	计信(数据库)	XML语言及相关技术应用	第3批次	2008-1-30 20:19:42	
20013122	宇洁	计信(数据库)	XML语言及相关技术应用	第1批次	2008-1-31 13:44:33	
20013123	徐成美	计信(数据库)	XML语言及相关技术应用	第1批次	2008-1-31 13:45:14	

图 9-21　教师批改学生作业的主界面

```
<%@ page import="org.jdom.input.*"%>
<%@ page import="java.io.*"%>
<%@ page import="java.util.List"%>
<%@ page import="org.jdom.xpath.XPath"%>
<html>
<head>
<style type="text/css">
        .style1 {font-size: 12px;color: #000000;font-weight:bold}
        .style2 {font-size: 14px;font-weight: bold;color: #CC0000;}
        .style3 {font-size: 14px;font-weight: bold;color: #000000;}
        .style4 {font-size: 12px;color: #666666;}
        .style5 {color: #000000; font-size: 12px;}
        body {margin-left: 0px; margin-top: 0px;margin-right: 0px;}
        a:link {color: #000000; text-decoration: none;}
        a:visited {color: #000000; text-decoration: none;}
        a:hover {color: #A72626;text-decoration: underline;font-weight: bold;}
        a:active {color: #000000;text-decoration: none;}
</style>
</head>
<body>
<%
   String userid= (String)session.getAttribute("usercode");
                                                //获得用户登录的用户 ID 号
   String xmlpath=application.getRealPath("/")+"XML_DATA\\Tea_Info.xml";
   TestUser Name=new TestUser();
   String UserName=Name.getName(xmlpath,userid);
%>
<table width="800" border="0" cellspacing="0" cellpadding="0">
  <tr>
    <td height="33" colspan="5" valign="middle" background="../img/mail_bj_
        top.jpg"><span class="style2">   你好：
    </span><span class="style3"><%=UserName %>老师</span>
    <span class="style4">以下是您所有作业的列表：</span></td>
    <td colspan="3" background="../img/mail_bj_top.jpg"> </td>
  </tr>
  <tr>
```

```
        <td width="46" height="41" background="../img/mail_bj_title.jpg"> </td>
        <td width="89" align="center" background="../img/mail_bj_title.jpg" class=
            "style1">学号</td>
        <td width="90" align="center" background="../img/mail_bj_title.jpg" class=
            "style1">姓名</td>
        <td width="120" align="center" background="../img/mail_bj_title.jpg" class=
            "style1">班级</td>
        <td width="157" align="center" background="../img/mail_bj_title.jpg" class=
            "style1">课程名称</td>
        <td width="90" align="center" background="../img/mail_bj_title.jpg" class=
            "style1">批 次</td>
        <td width="152" align="center" background="../img/mail_bj_title.jpg" class=
            "style1">提交时间</td>
        <td width="56" align="center" background="../img/mail_bj_title.jpg" class=
            "style1">批改状态</td>
    </tr>
<%
SAXBuilder sb=new SAXBuilder();              //建立一个解析器
//构造一个 Document,读入 XML 文件的内容
String xmlpath=application.getRealPath("/")+"XML_DATA\\Stu_Data.xml";
Document doc=sb.build(new FileInputStream(xmlpath));
Element root=doc.getRootElement();        //得到根元素
List lista =XPath.selectNodes(root,"/学生作业列表/学生"); //采用 Xpath 技术
for(int i=0;i<lista.size();i++){
    Element xs=(Element)lista.get(i); // 得到第一个元素<学号>
    String ID=xs.getAttributeValue("ID");
    if (xs.getChildText("教师").equals(UserName)){
%>
  <tr>
    <td height="36" align="center" valign="middle" background="../img/mail_bj_
        list.jpg"><img src="../img/zy.jpg" width="20" height="22" title="作业">
        </td>
    <td align="center" background="../img/mail_bj_list.jpg" class="style5">
        <a href=T_add_data.jsp?id=<%=ID%>><%=xs.getChildText("学号")%></a>
        </td>
    <td align="center" background="../img/mail_bj_list.jpg" class="style5">
        <a href=T_add_data.jsp?id=<%=ID%>><%=xs.getChildText("姓名")%></a>
        </td>
    <td align="center" background="../img/mail_bj_list.jpg" class="style5">
        <%=xs.getChild("班级").getText()%></td>
    <td align="center" background="../img/mail_bj_list.jpg" class="style5">
        <%=xs.getChild("课程名称").getText()%></td>
    <td align="center" background="../img/mail_bj_list.jpg" class="style5">
        <%=xs.getChildText("批次")%></td>
    <td align="center" background="../img/mail_bj_list.jpg" class="style5">
        <%=xs.getChildText("提交时间")%></td>
    <td align="center" background="../img/mail_bj_list.jpg">
      <%if (xs.getChildText("教师评语")==""){%>
        <img src="../img/wait.jpg" width="18" height="16" title="未批改">
```

```
    <%}else{%>
        <img src="../img/ok.jpg" width="19" height="21" title="已经批改">
    <%} %>
    </td>
  </tr>
<%}} %>
  <tr>
    <td height="38" colspan="8"  background="../img/mail_bj_bott.jpg"> 
      </td>
  </tr>
</table>
</body>
</html>
```

这时，在教师批改学生作业主界面中，只要单击学生的学号或者姓名就能列出学生上交的作业内容，这时教师可以对学生的作业情况作出相应的批注，给出作业的等级信息。其界面如图 9-22 所示，具体实现的代码如清单 9-23 所示。

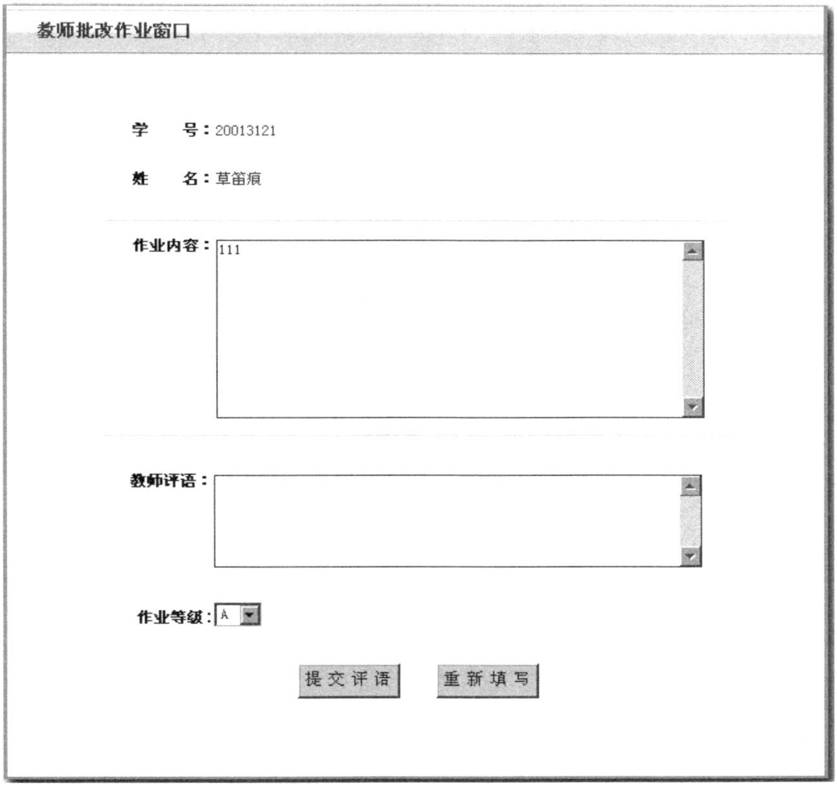

图 9-22　教师批改学生作业的界面

清单 9-23：教师批改学生作业的实现参考代码（T_add_dataOK.jsp）。

```
<!DOCTYPE HTML PUBLIC "-//W3C//DTD HTML 4.01 Transitional//EN">
<%@  page contentType="text/html; charset=GB2312" %>
```

```
<%@  page import="yujie.*"%>
<%  request.setCharacterEncoding("GB2312");%>
<%@  page import="org.jdom.*"%>
<%@  page import="org.jdom.output.*"%>
<%@  page import="org.jdom.input.*"%>
<%@  page import="java.io.*"%>
<html>
<body>
<%
try{
    DateTime DT=new DateTime();
    String T_p=(String)request.getParameter("T_Content");
                                                    //获得提交的教师评语内容
    String sid=(String)session.getAttribute("s_ID");       //获得所操作 ID 号
    String Dj=(String)request.getParameter("dj");          //获得作业等级
    SAXBuilder sb=new SAXBuilder();                        //建立一个解析器
    //构造一个 Document,读入 XML 文件的内容
    String xmlpath=application.getRealPath("/")+"XML_DATA\\Stu_Data.xml";
    Document doc=sb.build(new FileInputStream(xmlpath));
    Element root=doc.getRootElement();         //得到根元素
    java.util.List stu=root.getChildren();     //得到根元素所有子元素的集合
      for(int i=0;i<stu.size();i++){
          Element xs=(Element)stu.get(i);      // 得到第一个元素<学号>
          if (xs.getAttributeValue("ID").equals(sid)){
              Element tp =xs.getChild("教师评语");
                  tp.setText(T_p);
              Element dj=xs.getChild("作业等级");
                  dj.setText(Dj);
              Element T_Date=xs.getChild("批改时间");
                  T_Date.setText(DT.getDatetime());
          }
        }
     Format format=Format.getPrettyFormat();
     format.setIndent("    ");
     format.setEncoding("GB2312");
      XMLOutputter outter=new XMLOutputter(format);       //建立输出流
      outter.output(doc, new FileOutputStream(xmlpath));//将文档输回到 XML 文件中
    //提示教师批改信息添加成功,并导航到教师批改作业的主界面
    out.print("<script language='javascript'>alert('教师评语提交成功!');
    document.location='Teacher.jsp';</script>");

}catch(IOException e){ //如果添加失败,给出提示,并返回重新输入信息界面
      out.print("<script>alert('提交失败,请重新提交!');
      document.location='T_add_dataOK.jsp';</script>");
}
%>
</body>
</html>
```

3. 统计作业

这个模块主要完成教师对学生作业上交情况的统计功能。该模块的界面如图 9-23 所示。

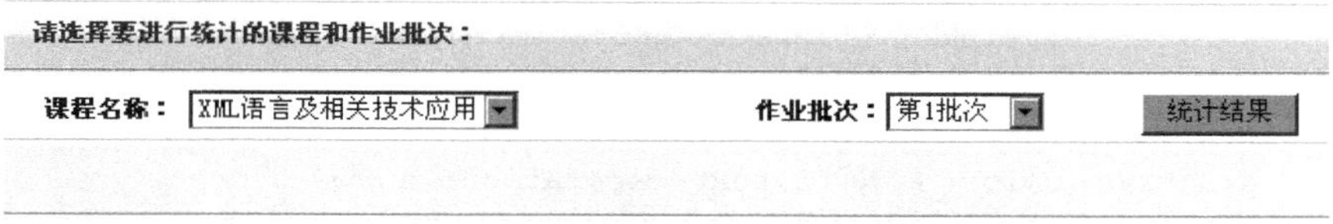

图 9-23　统计学生上交作业情况的界面

在这个界面中,选择好课程及作业批次后,单击"统计结果"按钮,就会将相应的学生作业上交信息回显在该界面中。比如我们以图 9-23 所示的信息进行统计,将会得到如图 9-24 所示的结果。

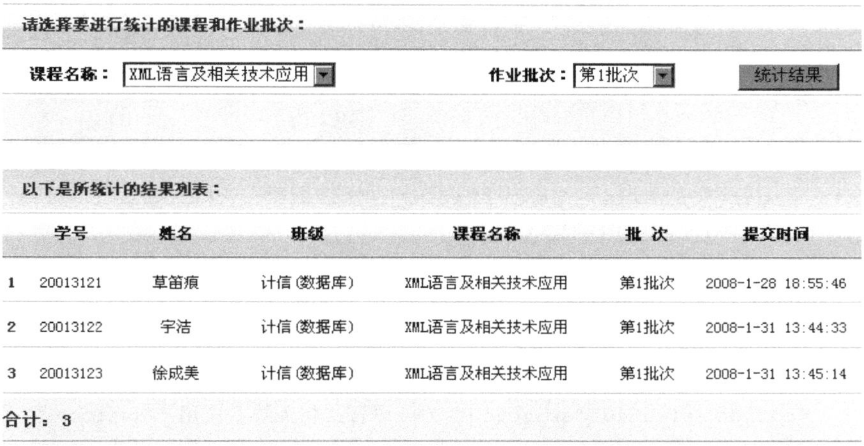

图 9-24　统计结果界面

该模块的实现参考代码如清单 9-24 所示。

清单 9-24:教师统计学生作业上交情况的实现参考代码(count.jsp)。

```
<!DOCTYPE HTML PUBLIC "-//W3C//DTD HTML 4.01 Transitional//EN">
<%@ page contentType="text/html; charset=gb2312" %>
<%@ page session="true" %>  <!--设置 session 有效-->
<% request.setCharacterEncoding("gb2312");%>
<%@ page import="org.jdom.*"%>
<%@ page import="org.jdom.input.*"%>
<%@ page import="java.io.*"%>
<%@ page import="java.util.List"%>
<%@ page import="org.jdom.xpath.XPath"%>
<html>
<head>
<style type="text/css">
        .style1 {font-size: 12px;color: #000000;font-weight:bold}
```

```
        .style2 {font-size: 14px;font-weight: bold;color: #CC0000;}
        .style3 {font-size: 14px;font-weight: bold;color: #000000;}
        .style4 {font-size: 12px;color: #666666;}
        .style5 {color: #000000; font-size: 12px;}
        body {margin-left: 0px; margin-top: 0px;margin-right: 0px;}
        a:link {color: #000000; text-decoration: none;}
        a:visited {color: #000000; text-decoration: none;}
        a:hover {color: #A72626;text-decoration: underline;font-weight: bold;}
        a:active {color: #000000;text-decoration: none;}
        .STYLE7 {font-size: 12px; color: #666666; font-weight: bold; }
    </style>
</head>
<body>
<form name="form1" method="post" action="count.jsp">
<table width="800" border="0" cellspacing="0" cellpadding="0">
  <tr>
    <td width="15" height="41" background="../img/mail_bj_title.jpg"> </td>
    <td colspan="5" align="left" background="../img/mail_bj_title.jpg" class=
        "style1"><span class="style4">请选择要进行统计的课程和作业批次:</span>
        </td>
  </tr>
  <tr>
    <td height="36" align="center" valign="middle" background="../img/mail_bj_
        list.jpg"> </td>
    <td width="77" align="center" background="../img/mail_bj_list.jpg" class=
        "style1">课程名称:</td>
    <td width="248" align="left" background="../img/mail_bj_list.jpg" class=
        "style5">
      <select id="stu_Courses" name="stu_Courses"  title="课程选择">
      <option selected="selected">XML 语言及相关技术应用</option>
      </select>    </td>
    <td width="97" align="right" background="../img/mail_bj_list.jpg" class=
        "style1">作业批次:</td>
    <td width="126" align="left" background="../img/mail_bj_list.jpg" class=
        "style5">
    <select name="order" id="order">
      <option selected="selected">第 1 批次</option>
      <option>第 2 批次</option>
      <option>第 3 批次</option>
      <option>第 4 批次</option>
      <option>第 5 批次</option>
      <option>第 6 批次</option>
      <option>第 7 批次</option>
      <option>第 8 批次</option>
      <option>第 9 批次</option>
      <option>第 10 批次</option>
      <option>第 11 批次</option>
      <option>第 12 批次</option>
    </select></td>
```

```html
    <td width="237" align="left" background="../img/mail_bj_list.jpg" class=
        "style5">
      <input type="submit" name="Submit" value="统计结果">
      </td>
    </tr>
    <tr>
      <td height="38" colspan="6"  background="../img/mail_bj_bott.jpg"> 
          </td>
    </tr>
</table>
</form>
<%   int yjrs=0;//定义一个全局变量,用于计算上交的总人数
     String kcm=(String)request.getParameter("stu_Courses");
     String pc=(String)request.getParameter("order");
     if (kcm!=null && pc!=null)
     {
%>
<table width="800" border="0" cellspacing="0" cellpadding="0">
  <tr>
    <td height="33" colspan="5" valign="middle" background="../img/mail_bj_
        top.jpg"><span class="style2">   </span><span class="STYLE7">以下是所
        统计的结果列表:</span></td>
    <td colspan="2" align="center" background="../img/mail_bj_top.jpg" class=
        "style2"></td>
    <td background="../img/mail_bj_top.jpg" class="style2"></td>
  </tr>
  <tr>
    <td width="15" height="41" background="../img/mail_bj_title.jpg"> </td>
    <td width="77" align="center" background="../img/mail_bj_title.jpg" class=
        "style1">学号</td>
    <td width="83" align="center" background="../img/mail_bj_title.jpg" class=
        "style1">姓名</td>
    <td width="118" align="center" background="../img/mail_bj_title.jpg" class=
        "style1">班级</td>
    <td width="156" align="center" background="../img/mail_bj_title.jpg" class=
        "style1">课程名称</td>
    <td width="90" align="center" background="../img/mail_bj_title.jpg" class=
        "style1">批 次</td>
    <td width="108" align="center" background="../img/mail_bj_title.jpg" class=
        "style1">提交时间</td>
    <td width="153" align="center" background="../img/mail_bj_title.jpg" class=
        "style1"> </td>
  </tr>
<%
SAXBuilder sb=new SAXBuilder();           //建立一个解析器
//构造一个 Document,读入 XML 文件的内容
String xmlpath=application.getRealPath("/")+"XML_DATA\\Stu_Data.xml";
Document doc=sb.build(new FileInputStream(xmlpath));
Element root=doc.getRootElement();    //得到根元素
```

```
List lista =XPath.selectNodes(root,"/学生作业列表/学生"); //采用 Xpath 技术
for(int i=0;i<lista.size();i++){
Element xs=(Element)lista.get(i);
if (xs.getChildText("课程名称").equals(kcm) && xs.getChildText("批次").equals(pc))
    {
        yjrs=yjrs+1;   //人数加 1
%>
  <tr>
    <td height="36" align="center" valign="middle" background="../img/mail_bj_
        list.jpg" class="STYLE7"><%=yjrs %></td>
    <td align="center" background="../img/mail_bj_list.jpg" class="style5">
        <%=xs.getChildText("学号")%></td>
    <td align="center" background="../img/mail_bj_list.jpg" class="style5">
        <%=xs.getChild("姓名").getText()%></td>
    <td align="center" background="../img/mail_bj_list.jpg" class="style5">
        <%=xs.getChild("班级").getText()%></td>
    <td align="center" background="../img/mail_bj_list.jpg" class="style5">
        <%=xs.getChild("课程名称").getText()%></td>
    <td align="center" background="../img/mail_bj_list.jpg" class="style5">
        <%=xs.getChildText("批次")%></td>
    <td align="center" background="../img/mail_bj_list.jpg" class="style5">
        <%=xs.getChildText("提交时间")%></td>
    <td align="left" background="../img/mail_bj_list.jpg" ></td>
  </tr>
 <%}} %>
  <tr>
<td height="38" colspan="8" background="../img/mail_bj_bott.jpg" class="style2">
    合计:<%=yjrs %>
</td>
  </tr>
</table>
<%}%>
</body>
</html>
```

9.5.4　修改密码功能模块代码

　　在该系统中,学生用户和教师用户都是以学生的学号或教师编号作为该系统的用户登录名,默认的密码也是学号或者教师编号。进入系统后,用户都可以通过修改密码功能完成对自己登录密码的修改。

　　修改密码界面如图 9-25 所示。

　　在这个界面中,只要用户输入正确的原始密码,并且两次所输入的新密码也相同,则调用 editpassOK.jsp 文件(代码如清单 9-26 所示)将新密码回写到相应的 XML 文档中。

　　这其中,判断两次所输入的新密码是否相同,用 JavaScript 进行检测,具体参考代码如清单 9-25 中所示。

　　清单 9-25:用户修改密码主界面的实现参考代码(editpass.jsp)。

```
<%@ page contentType="text/html; charset=GB2312" %><!--指定本页文字编码为
```

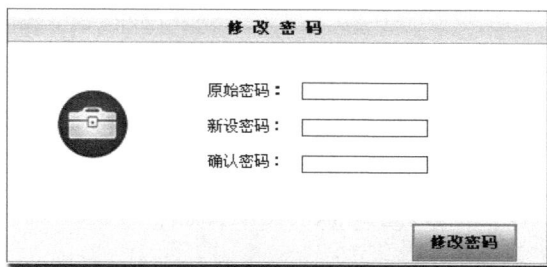

图 9-25 修改密码界面

```
    GB2312-->
<%@  page session="true" %><!--设置 session 有效-->
<%  request.setCharacterEncoding("GB2312");%>
<html>
    <script><!--JavaScript 代码,判断用户两次输入的密码是否相同-->
    function check()
    {
        with(document.all){
        if(newpass.value!=renewpass.value)
        {
            alert("新设置密码与确认密码不符!请重新输入!")
            newpass.value="";
            renewpass.value="";
            return false;
        }
        else document.forms[0].submit();
        }
    }
</script>
<link rel="stylesheet" href="../css/editpass.css"></link>
<body>
<form  name="editpass" action="editpassOK.jsp" METHOD="POST" onSubmit="return
    check()">
  <table width="424" border="0" align="center" cellpadding="0" cellspacing="0">
    <tr>
      <td width="145" height="213"><img src="../img/pass.jpg" width="145"
        height="213"></td>
      <td width="279" colspan="3" valign="middle" background="../img/pass1.
        jpg"><p class="style4">修 改 密 码</p>
        <table width="248" height="158" border="0" cellpadding="0" cellspacing=
        "0">
        <tr>
          <td width="83" height="31" align="center" valign="bottom"><span
            class="style7">原始密码</span><span class="style4">:</span>
            </td>
          <td width="165" valign="bottom">
            <input name="password" type="password" class="input_login" size=
            "15"></td>
```

```
        </tr>
        <tr>
          <td height="42" align="center" class="style5"><font size="2" class=
              "style7">新设密码</font><font size="2" class="style7">:</font>
              </td>
          <td >
              <input  id="newpass" name="newpass" type="password" class="input
                  _login" size="15">
          </td>
        </tr>
        <tr>
          <td height="37" align="center" valign="top" class="style5"><font
              size="2" class="style7">确认密码</font><font size="2" class=
              "style7">:</font></td>
          <td valign="top">
              <input id="renewpass" name="repass" type="password" class="input
                  _login" size="15">
          </td>
        </tr>
        <tr>
          <td height="18"> </td>
          <td align="right" valign="bottom"><span class="style5">
          </span></td>
        </tr>
        <tr>
          <td height="30"> </td>
          <td align="right" valign="bottom"><span class="style5">
              <input name="Submit" type="submit" class="btn1_mouseout" value=
                  "修改密码">
          </span></td></tr>
      </table></td></tr>
  </table>
  </form>
</body>
</html>
```

清单 9-26：完成用户修改密码的实现参考代码（editpassOK.jsp）。

```
<%@  page contentType="text/html; charset=GBK2312" %>
<%@  page session="true" %>   <!--设置 session 有效-->
<%@  page import="yujie.*"%>
<%  request.setCharacterEncoding("GB2312");%>
<html>
<body>
<%
  //获得用户登录的用户 ID 号和用户的类型号
  String userid= (String)session.getAttribute("usercode");

  String usertype= (String)session.getAttribute("usertype");
  String old_pass= (String)request.getParameter("password");
```

```
                                            //获得用户请求的原始密码
    String new_pass=(String)request.getParameter("newpass");
                                            //获得用户修改后的新密码
        MD5string MD5=new MD5string();//将用户的新、老密码进行 MD5 字节码转换
        old_pass=MD5.getmd5string(old_pass);
        new_pass=MD5.getmd5string(new_pass);
    //调用 EditPassword 类进行密码修改
        EditPasswcrd editok=new EditPassword();
        String xmlpath=application.getRealPath("/")+"XML_DATA \\Stu_UserData.xml";

        if (usertype.equals("2")){//为教师类型指定教师用户文件名
            xmlpath=application.getRealPath("/")+"XML_DATA\\Tea_UserData.xml";
        }
            int data=editok.editPass(xmlpath,userid,old_pass,new_pass,usertype);

    if (data==1){
        out.print("<script language='javascript'>alert('密码修改成功!');</script>");
    }else{
            response.sendRedirect("../error/editpassNo.jsp");
    }
%>
</body>
</html>
```

9.6　部署系统

系统开发完成后,接下来就是部署系统,让其真正地工作起来。

1. 准备工作

由于这个作业管理系统是基于 B/S 模式来设计的,其中前台采用 JSP 开发,后台数据存放在 XML 中,JSP 利用 JDOM 来访问与操作 XML 中的数据,所以在正式部署系统之前,应先将环境配置好。因此先准备好以下三个文件:

- JDK 安装文件：jdk-1_5_0_03-windows-i586-p. exe;
- TOMCAT 安装文件：apache-tomcat-5.5.25. exe;
- JDOM 包文件：jdom-1.0. zip。

以上是本系统所使用的安装配置文件。可以到相应的网站下载最新的安装文件。

- JDK 下载地址：http://java. sun. com/javase/downloads/index. jsp;
- TOMCAT 下载地址：http://tomcat. apache. org/;
- JDOM 下载地址：http://www. jdom. org/dist/binary/。

2. 安装文件

(1) 安装 JDK

首先,启动 JDK 安装文件,进入 JDK 安装环境,如图 9-26 所示。

其次,选择 JDK 的安装位置,这里我们将 JDK 安装到 D：\J2EE_RooM\Java\jdk1.

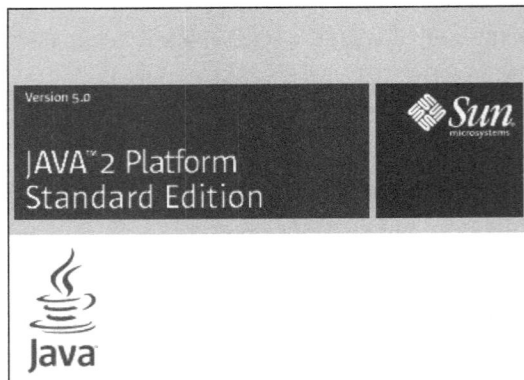

图 9-26 JDK 安装界面

5.0_03 目录中。

最后,配置环境变量。

在系统环境变量中新建以下三个系统环境变量:

```
JAVA_HOME =D:\J2EE_RooM\Java\jdk1.5.0_03
PATH =%JAVA_HOME%\bin;
CLASSPATH =.;%JAVA_HOME%\lib;%JAVA_HOME%\lib\tools.jar;
```

(2) 安装 TOMCAT

① 启动 TOMCAT 安装文件,根据提示进行相应的操作。

② 设定 TOMCAT 服务器的 HTTP 端口号,在这里我们采用系统的默认值,如图 9-27 所示。

③ 为 TOMCAT 服务器指定 JDK 的安装位置,如图 9-28 所示。

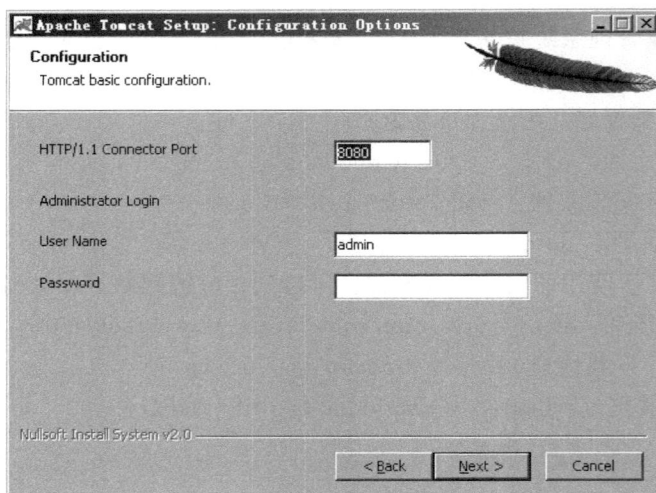

图 9-27 配置 TOMCAT 的 HTTP 端口号

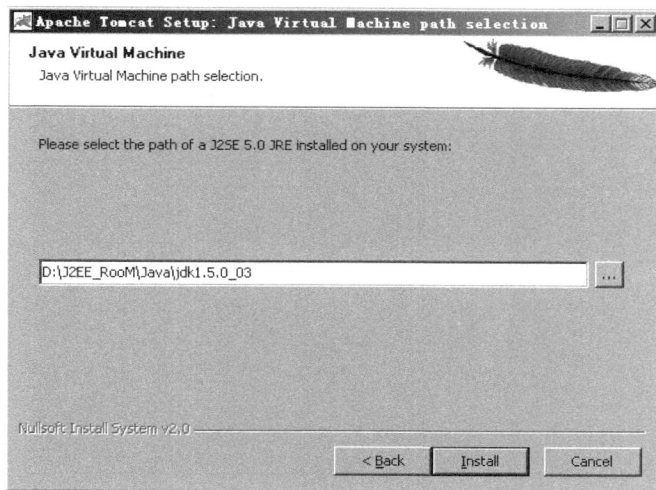

图 9-28　为 TOMCAT 指定 JDK 的安装目录

（3）安装 JDOM

将 JDOM 压缩包中的 jdom. jar、saxpath. jar、jaxen-jdom. jar、jaxen-core. jar 四个 JAR 包文件复制到 JDK 安装目录的扩展目录中，这里我们将这四个文件复制到 D:\ J2EE_RooM\Java\jdk1.5.0_03\jre\lib\ext 目录中。

3. 发布系统

在 Tomcat 安装目录下的 webapps 目录中新建一个文件夹，改名为 Student。然后将项目中 WebContent 目录中的所有目录与文件全部复制到 Student 这个目录中。

然后，重启 TOMCAT 服务器，在地址栏中输入：

```
http://localhost: 8080/Student/index.html
```

就能运行该系统了。

目前系统提供的试用用户有：

学生用户

用 户 名	密　码	用 户 名	密　码
20013121	20013121	20013123	20013123
20013122	20013122	20013123	20013123

教师用户

用 户 名	密　码
luo_sir	lqcel